Nordrhein-Westfälische Akademie der Wissenschaften

Natur-, Ingenieur- und Wirtschaftswissenschaften   Vorträge · N 447

Herausgegeben von der
Nordrhein-Westfälischen Akademie der Wissenschaften

WALTER SCHAFFNER

Wie werden unsere Gene ein- und ausgeschaltet?

OTTO SPANIOL

Mobilfunk und Sicherheit – (Wie) Passt das zusammen?

Westdeutscher Verlag

442. Sitzung am 2. Dezember 1998 in Düsseldorf

Die Deutsche Bibliothek – CIP-Einheitsaufnahme

Ein Titeldatensatz für diese Publikation ist bei Der Deutschen Bibliothek erhältlich.

Alle Rechte vorbehalten
© Westdeutscher Verlag GmbH, Wiesbaden, 2000

Der Westdeutsche Verlag ist ein Unternehmen der Fachverlagsgruppe BertelsmannSpringer.

Das Werk einschließlich aller seiner Teile ist urheberrechtlich geschützt. Jede Verwertung außerhalb der engen Grenzen des Urheberrechtsgesetzes ist ohne Zustimmung des Verlages unzulässig und strafbar. Das gilt insbesondere für Vervielfältigungen, Übersetzungen, Mikroverfilmungen und die Einspeicherung und Verarbeitung in elektronischen Systemen.

Gedruckt auf säurefreiem Papier.
Herstellung: Westdeutscher Verlag
ISBN-13: 978-3-531-08447-3   e-ISBN-13: 978-3-322-86430-7
DOI: 10.1007/978-3-322-86430-7

Inhalt

Walter Schaffner, Zürich
Wie werden unsere Gene ein- und ausgeschaltet? 7
Literatur 14

Otto Spaniol, Aachen
Mobilfunk und Sicherheit – (Wie) Passt das zusammen? 15
1. Einführung 15
2. Zelluläre Mobilfunknetze 17
3. Sicherheit in Mobilfunknetzen 22
4. Schutz des Bewegungsprofils 31
5. Zusammenfassung 37
Literatur 39

Wie werden unsere Gene ein- und ausgeschaltet?

von Walter Schaffner, Zürich

Unsere Erbanlagen bestimmen nicht nur Haarfarbe und Körpergröße, sondern beeinflussen auch z. B. Charaktereigenschaften und die Anfälligkeit gegenüber bestimmten Krankheiten. All diese Anlagen sind in unseren Körperzellen in langen, fadenförmigen Molekülen, der sogenannten Desoxyribonukleinsäure (= DNS oder meist engl. DNA), festgeschrieben. DNA wurde im Jahr 1869 durch den Basler Friedrich Miescher entdeckt, doch sollte es noch bis 1944 dauern, bis der Amerikaner Oswald Avery dieses komplizierte Molekül als Träger der Erbmerkmale bei Bakterien identifizierte. Nur zögernd setzte sich in der Folge die Ansicht durch, dass DNA nicht nur bei Bakterien, sondern auch bei Pflanzen, Tieren und Menschen, kurz: bei allen Lebewesen Träger der Erbsubstanz ist. Wohl erst seit dem Paukenschlag der Aufklärung der Doppelspiralen-Struktur der DNA im Jahre 1953 durch James D. Watson und Francis Crick ist dieses Molekül als universelles Erbmaterial anerkannt.

Abbildung 1 zeigt schematisch ein Stück Erbsubstanz (DNA) und ihren Aufbau mit den vier Bausteinen (= Basen) A, C, G und T sowie den Informationsfluss von der DNA über die RNA zum Protein. Wie beim Stein von Rosetta, der die Entschlüsselung der ägyptischen Hieroglyphen ermöglicht hatte, war in den sechziger Jahren das Prinzip erkannt worden, nach welchem die Erb-Information der DNA in das Produkt, nämlich das Protein, umgesetzt wird. Doch erschien es damals schlicht unmöglich, aus dem schwindelerregend großen Erbgut des Menschen mit seinen 3,5 Milliarden DNA-Bausteinen und über 100.000 Erbfaktoren (= Genen) auch nur ein einziges Gen zu isolieren und die Reihenfolge der Basen aufzuklären.

Vor fünfundzwanzig Jahren jedoch gelang es, kleine definierte DNA-Abschnitte, z. B. ein einzelnes Gen, von höherentwickelten Organismen, einschließlich des Menschen, auf Bakterien und andere Organismen zu übertragen, wodurch sich Struktur und Funktion eines Gens viel leichter studieren ließen. Diese sog. Gentechnik ist dabei, die Biologie und die Medizin zu revolutionieren. Die Diagnostik einer Vielzahl von infektiösen und anderen Erkrankungen ist bereits entscheidend verbessert worden. Zudem ist es gelungen, pharmazeutisch wichtige Proteine wie menschliches Wachstumshormon, Interferon und Impfstoffe in Bakterien oder Hefen in großem Maßstab herzu-

A Informationsfluss in der Zelle:

Die Information der DNA wird über eine Kopie (RNA)
schliesslich in das fertige Eiweiss (Protein) übersetzt

Abb. 1: *Genetischer Informationsfluss und Organisation der Gene.*
A) Informationsfluss in Zellen. Die Erb-Information in den Chromosomen des Zellkerns ist in langen, fadenförmigen DNA (= DNS) Molekülen, gelagert. Die menschliche Erbinformation ist zusammengesetzt aus über 100.000 einzelnen funktionellen Abschnitten (Genen). Die DNA Doppelspirale enthält vier chemische Grundbausteine (Basen), abgekürzt A, T, G und C. Die Information eines Gens ist in der DNA als Aufeinanderfolge von Tausenden von Basen festgelegt. Von der DNA eines aktiven Gens wird eine „Verschleisskopie" hergestellt (Vorgang der Transkription). Diese Kopie, mRNA genannt, verlässt den Zellkern. Im Zyptoplasma wird die Information der mRNA von den Ribosomen abgelesen und in das Produkt (Protein) umgesetzt (Vorgang der Translation). Die Stoffklasse der Proteine schließt Enzyme, viele Hormone, sowie Stützstrukturen der Zelle (= Zytoskelettproteine) ein. Nach ausgiebiger Verwendung wird die mRNA entsorgt, während das Original, die DNA im Zellkern, erhalten bleibt.

stellen. Die allergrößten, wenn auch weniger beachteten Umwälzungen haben sich jedoch in der biologischen Grundlagenforschung ereignet. Man weiß heute über einzelne Gene bei Säugetieren, einschließlich des Menschen, bereits sehr viel. Durch rasante technische Fortschritte sind Tausende von menschlichen Genen entschlüsselt worden, und nächstens dürfte die ganze Erbinformation des Menschen aufgeklärt sein! Bei einem typischen menschlichen Gen sind die Protein-kodierenden Abschnitte durch scheinbar sinnlose Einschiebsel (Introns) unterbrochen, welche nach der Transkription, jedoch noch vor der Translation aus der RNA entfernt werden. Die Aktivität eines Gens wird durch einen vorgeschalteten Promotor, welcher die Startstelle der Transkription einschließt, und sogenannte Enhancer-Sequenzen gesteuert, welche in vielen Fällen auch weit entfernt vom Promotor liegen (Abb. 1B). Diese Enhancer („Verstärker") bestimmen maßgeblich das zeitliche und räumliche Muster der Gen-Aktivität, mit andern Worten, wo und wie oft das Transkriptions-Enzym (RNA Polymerase II) ein Gen abliest.

Wie werden unsere Gene ein- und ausgeschaltet?

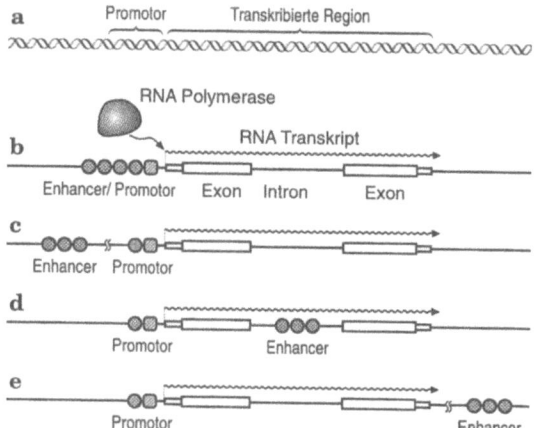

Abb. 1 (Fortsetzung)
B) Organisation der Gene höherer Organismen: Bei der Ablesung (Transkription) eines Gens stellt sich für die RNA Polymerase das Problem, wo und wie oft abgelesen werden soll. Dazu braucht es sogenannte regulatorische DNA-Abschnitte, welche meist nicht auch noch für ein Protein kodieren. Diese DNA-Abschnitte enthalten entweder die Umgebung der Startstelle (Promotor) oder können auch aus großer Distanz die Häufigkeit der Transkription steuern (Enhancer = Verstärker). Sowohl Enhancer als auch Promotor werden von der RNA Polymerase nicht direkt erkannt, sondern sind durch DNA-bindende sog. Transkriptionsfaktoren „markiert" (schraffierte Kreise und Quadrate). Enhancer können über größere Distanzen die Transkription am Promotor steuern (siehe auch Abb. 3 B). Unter b-e werden die möglichen Platzierungen eines Enhancers gezeigt. Metallothionein-Gene (Abb. 4) entsprechen der Situation unter (b).

1981 konnten wir zeigen, dass ein 200 Basenpaare langer DNA-Abschnitt eines Virus (Affenvirus 40 = SV40) bei Verkopplung mit einem Testgen die Transkription dieses Testgens um mehr als das hundertfache steigert. Das erstaunliche dabei war, dass diese Aktivierung auch über vergleichsweise riesige Distanzen von über 3000 Basenpaaren funktionierte. Noch erstaunlicher war, dass die Stimulation auch aus einer Position hinter dem Gen stattfinden konnte (Banerji et al., 1981; siehe auch Moreau et al., 1981). Ein solcher Verstärkereffekt war zuvor weder bei einfachen noch bei höherentwickelten Organismen beobachtet worden. In den darauffolgenden Jahren wurden in vielen verschiedenen Viren Enhancer mit den oben beschriebenen Eigenschaften gefunden. Schon früh hatten wir postuliert, dass Enhancer auch bei zellulären Genen vorkommen würden, da sich Befunde an Viren oft auf die komplizierteren Vorgänge in der Wirtszelle übertragen lassen. Ein guter Kandidat dafür war das Immunglobulin-Gen für die schwere μ-Kette. Immun-

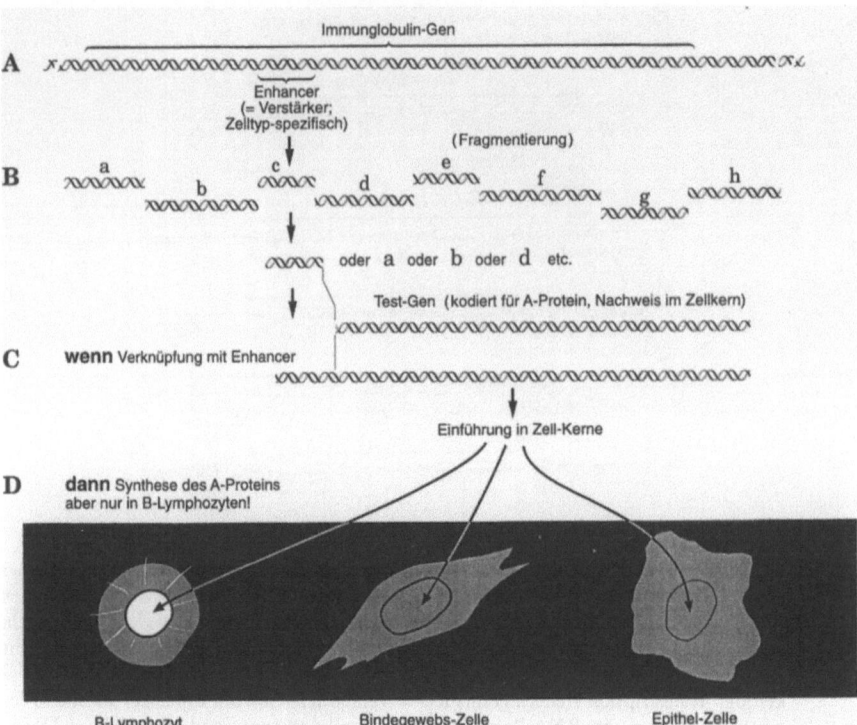

Abb. 2: *Ein zelltypspezifischer Enhancer programmiert die Aktivität eines Immunglobulin-Gens in B-Lymphozyten.*
Welcher Genabschnitt ist primär dafür verantwortlich, dass ein Immunoglobulin-Gen nur in B-Lymphozyten aktiv wird? Um dies aufzuklären, schnitten wir ein Immunoglobulin-Gen (A) in Fragmente (B), und einzelne Fragmente wurden mit einem „neutralen" Test-Gen gekoppelt (das A-Protein des Affenvirus 40 zum Beispiel lässt sich leicht durch eine Kern-Fluoreszenz sichtbar machen) (C). Solche Neukombinationen wurden in verschiedene Zelltypen eingeschleust (D). Dabei entdeckten wird, dass ein kurzer Abschnitt innerhalb des Immunglobulin-Gens, in der Folge als Enhancer bestätigt, das Test-Gen aktivierte. Diese Aktivierung geschah nur in Zellen vom Typ des B-Lymphozyten, nicht aber in anderen Zelltypen (Banerji et al., 1983; siehe auch Gillies et al., 1983; Neuberger, 1983). Damit war erstmals ein Kontroll-Element für zelltypspezifische Genaktivität identifiziert worden.

globuline sind sowohl aus allgemeinbiologischer wie auch aus medizinischer Sicht bedeutsam, vor allem, weil sie eine Schlüsselrolle in der Immunabwehr spielen. Das Immunglobulin-Gen wurde mit Restriktionsenzymen in kleine Abschnitte zerschnitten, einzelne Abschnitte wurden im Reagenzglas mit dem Test-Gen gekoppelt und diese neukombinierte Konstruktion schließlich in Zellen verschiedenen Ursprungs eingeschleust (Abbildung 2). Dabei entdeckten wir, dass DNA-Moleküle, welche neben dem Test-Gen auch ein kurzes

A DNA-bindender Transkriptionsfaktor

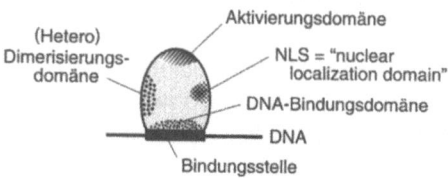

B Multiprotein-Komplex für Initiation

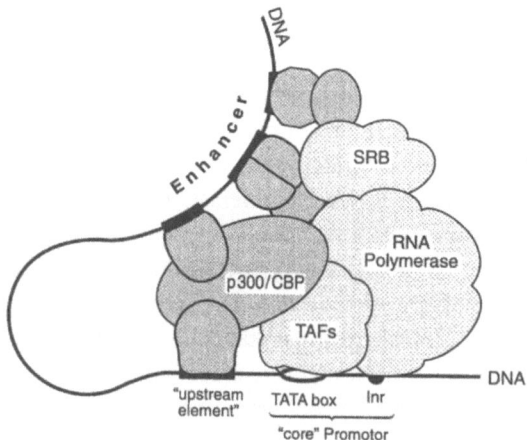

Abb. 3: Protein-DNA und Protein-Protein Interaktionen in der Enhancer-Promotor-Region eines eukaryotischen Gens.
A. Typischer DNA-bindender Transkriptionsfaktor eines höheren (eukaryotischen) Organismus mit den hauptsächlichen Domänen für DNA-Bindung und Aktivierung der Transkription. Daneben findet sich meist noch ein sog. NLS (= nuclear localization sequence) Signal zum Transport des Proteins in den Zellkern. Viele dieser DNA-bindenden Transkriptionsfaktoren bilden auch Hetero- und Homodimere aus.
B. Vereinfachte Darstellung eines Initiationskomplexes der Transkription. Dargestellt sind die DNA-bindenden Transkriptionsfaktoren des Enhancers und des Promotors. Zusammen mit dem TATA-Box-bindenden Protein (TBP) und dem allgemeinen Transkriptionsfaktor TFIIB rekrutieren sie, über eine Vielzahl von Protein-Protein-Kontakten, weitere allgemeine Transkriptionsfaktoren, z. T. mit Überbrückungsfunktion: Adaptor-, Mediator- und sog. SRB-Proteine, welche ihrerseits die RNA-Polymerase II zur Initiationsstelle Inr (= initiation region) leiten. Ein größerer Abstand zwischen Enhancer und Promotor kann durch Ausschlaufen der dazwischenliegenden DNA überwunden werden; dies ermöglicht eine Aktivierung über lange Distanzen, den sog. Enhancer-Effekt (Schaffner, 1999).

DNA-Segment des Immunglobulin-Gens enthalten, das Test-Gen zu starker Expression bringen konnten. Erstaunlicherweise war dieser Immunglobulin-Enhancer nur im richtigen Zelltyp aktiv, d. h. in B-Lymphozyten und deren Abkömmlingen! Damit war erstmals ein genetisches Element für die Zelltyp-spezifische Expression eines Gens entdeckt und ein wichtiger Schritt zum Verständnis der Aufgabenteilung zwischen den Zellen höherer Organismen getan (Banerji et al., 1983; siehe auch Gillies et al. 1983; Neuberger, 1983). Zelltypspezifische Enhancer sind in der Folge auch bei einer Vielzahl von weiteren Genen in Zellen höherer Organismen nachgewiesen worden. So sorgt z. B. beim Insulin-Gen ein Zelltyp-spezifischer Enhancer dafür, dass dieses Gen ausschließlich in den Langerhans-Zellen der Bauchspeicheldrüse aktiviert wird (Edlund et al., 1985).

Die RNA Polymerase II der Säugetiere ist, im Gegensatz zur RNA Polymerase eines Bakteriums, nicht in der Lage, den Promotor alleine zu finden. Enhancer und Promotor binden eine Reihe von Proteinen, welche als eine Art Markierflaggen die RNA Polymerase zur Startstelle geleiten. Diese an Enhancer und Promotoren gebundenen Proteine werden Transkriptionsfaktoren genannt (Abb. 1B und 3). Zelltypspezifisch exprimierte Proteine sind notwendig für die selektive Aktivierung der Transkription, u. a. der B-Lymphozyten-spezifische Transkriptionsfaktor Oct-2. Eine Analyse von vielen Enhancern zeigte, dass meist mehrere DNA-bindende Transkriptionsfaktoren für die Aktivität eines Enhancers verantwortlich sind. Jeder dieser Faktoren wird von einem eigenen Gen kodiert, was eine erschöpfende Analyse zu einem formidablen Unternehmen macht. Eine Ausnahme scheint hier eine Klasse von Genen zu machen, welche durch Stress aktiviert werden. Diese beinhalten einerseits die Hitzeschock-Gene, welche durch den sog. Hitzeschock-Transkriptionsfaktor aktiviert werden, andererseits die Metallothioneine, welche bei Schwermetall- und anderen Stresszuständen der Zelle vermehrt transkribiert werden, maßgeblich beeinflusst durch den Faktor MTF-1 (siehe unten).

Metallothioneine sind kleine, schwefelhaltige Stressproteine, welche Schwermetalle und Sauerstoffradikale entsorgen können. Bei einer Schwermetall-Belastung der Zelle werden die Metallothionein-Gene vermehrt abgelesen (transkribiert). Ein Transkriptionsfaktor, genannt MTF-1, bindet dabei an die Enhancer/Promotor-Region der Metallothionein-Gene und rekrutiert dadurch die RNA Polymerase II (Abbildung 4). Wir haben MTF-1 isoliert und konnten auch zeigen, dass dieses Regulatorprotein absolut notwendig ist für die Aktivierung der Metallothionein-Gene. MTF-1 ist ein Protein von 753 Aminosäuren Länge, welches in verschiedene funktionelle Domänen unterteilt werden kann. MTF-1 bindet auch noch an eine Reihe von weiteren Promotoren, typischerweise ebenfalls von Stress-induzierten Genen. Mäuse,

Wie werden unsere Gene ein- und ausgeschaltet?

A Aminosäuresequenz des Maus-Metallothioneins
MDPNCSCSTGGSCTCTSSCACKNCKCTSCKKSCCSCCPVGCSKCAQGCVCKGAADKCTCCA

B Maus Metallothionein MT-I Gen

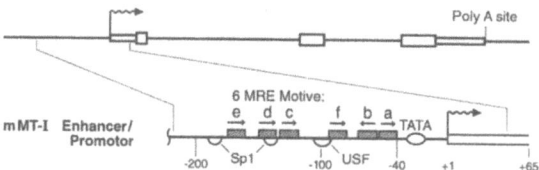

C Idealisiertes MRE   CTNTGCRCNCGGCCG
(= metal-responsive element)

D Transkriptionsfaktor MTF-1

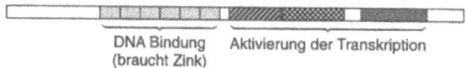

E Modell der Gen-Aktivierung durch Schwermetall

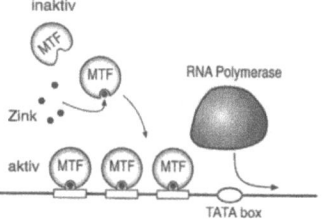

Abb. 4: Schwermetall-induzierte Transkription der Metallothionein-Gene.
A) Metallothioneine sind cysteinreiche Entgiftungsproteine, welche in kleinen Mengen von allen Zellen gebildet werden. Das vorherrschende Metallothionein der Maus (MT-I) ist unter (A) dargestellt. (B) Metallothionein-Gene haben eine relativ simple Struktur. Hier gehen Enhancer und Promotor nahtlos ineinander über (siehe auch Abbildung 1 B). Bei großem Stress (insbesondere bei Überangebot an Schwermetall) wird die Bildung von zusätzlichem Metallothionein angeregt, und zwar über vermehrte Synthese von Metallothionein mRNA. (C, D) Der wichtigste Transkriptionsfaktor zu diesem Zweck ist MTF-1, welcher an mehreren Stellen der Enhancer/Promotor-Region an spezielle DNA Sequenzmotive (MREs = metal-responsive elements) bindet und damit die Transkription ermöglicht. Die neu entstandene RNA-Kopie wird durch Entfernen der Introns zur fertigen mRNA, welche von Ribosomen in Metallothionein translatiert wird. (E) Im Gegensatz zu anderen Zinkfinger–Proteinen braucht MTF-1 eine erhöhte Zinkkonzentration zur korrekten Auffaltung der Zinkfinger und spezifischen Bindung an MRE-Motive. Sobald MTF-1 gebunden ist, führt dies zur Ausbildung vieler Protein-Protein-Wechselwirkungen (hier nicht gezeigt, siehe Abb. 3B). Dadurch kann die RNA Polymerase II den Promotor erkennen und das Metallothionein-Gen transkribieren. (Das neu gebildete Metallothionein bindet dann Schwermetall, womit das System wieder in den Ursprungszustand zurückkehren kann) (Heuchel et al., 1995; Günes et al., 1998).

die aufgrund einer Mutation kein MTF-1 mehr produzieren können, sterben im Embryonalstadium ab, wobei das erste sichtbare Merkmal ein Zerfall der Leber ist (Heuchel et al., 1995; Günes et al., 1998). Neben MTF-1 gibt es weitere Stress-Regulatoren (c-Jun, NF-kB); mutante Mäuse ohne c-Jun oder NF-kB sterben ebenfalls an Leberzerfall im Embryonalstadium! Neuere Daten deuten auch darauf hin, dass diese Stressregulatoren an der Schaltstelle sitzen, wo die Entscheidung zwischen Zelltod, normalem Weiterleben und Zell-Immortalisierung gefällt wird. Diese Entscheidung ist von größter Wichtigkeit: Eine stressgeschädigte Zelle heilt sich, wenn immer möglich, mit eigenen Mitteln. Ist der Schaden zu groß, wird ein zelluläres „Selbstmordprogramm" in die Wege geleitet, die sog. Apoptose. Ab und zu kann eine stressgeschädigte Zelle der Apoptose entgehen und wird dabei unsterblich, doch zu einem sehr hohen Preis: Unsterbliche Zellen entarten oft zu Krebszellen, die den Träger umbringen. Nimmt man sie jedoch in Zellkultur, können sie beliebig lange weiterwachsen – ganz im Gegensatz zu Normalzellen, welche der sogenannten Seneszenz anheimfallen.

Literatur

Banerji, J., Olson, L. and Schaffner, W. (1983). A lymphocyte-specific cellular enhancer is located downstream of the joining region in immunoglobulin heavy chain genes. Cell, 33, 729–740.
Edlund, T., Walker, M.D., Barr, P.J. and Rutter, W.J. (1985). Cell-specific expression of the rat insulin gene: Evidence for role of two distinct 5' flanking elements. Science 230, 912–916.
Gillies, S.D., Morrison, S.L., Oi, V.T. and Tonegawa, S. (1983). A tissue specific transcription enhancer element is located in the major intron of a rearranged immunoglobulin heavy chain gene. Cell 33, 717–728.
Günes, C., Heuchel, R., Georgiev, O., Müller, K.-H., Lichtlen, P., Blüthmann, H., Marino, S., Aguzzi, A. and Schaffner, W. (1998). Embryonic lethality and liver degeneration in mice lacking the metal-responsive transcriptional activator MTF-1. EMBO J., 17, 2846–2854.
Heuchel, R., Radtke, F. and Schaffner, W. (1995) Transcriptional regulation by heavy metals, exemplified at the metallothionein genes. In: Inducible Gene Expression, Vol. 1, pp. 206–240, Baeuerle, P.A., ed., Birkhäuser, Boston.
Moreau, P., Hen, R., Wasylyk, B., Everett, R., Gau, M.P. and Chambon, P. (1981). The SV40 72 bp repeat has a striking effect on gene expression both in SV40 and other chimeric recombinants. Nucl. Acids Res. 9,. 6047–6068.
Neuberger, M.S. (1983). Expression and regulation of immunoglobulin heavy chain gene transfected into lymphoid cells. EMBO J. 2, 1373-1378.
Schaffner, W. (1999) Enhancer. In: The Encyclopedia of Molecular Biology. Ed. T. Creighton. John Wiley & Sons, Publ., in press.

Mobilfunk und Sicherheit – (Wie) Passt das zusammen?

von *Otto Spaniol*, Aachen

1. Einführung

Die Kommunikation mit mobilen Endgeräten ist keine neue Entwicklung. Bereits zu Beginn des 20. Jahrhunderts gab es Mobiltelefone, die innerhalb von Stadtgrenzen funktionierten und in PKWs eingebaut wurden. Die wesentlichen Nachteile dieser ersten Generation von Mobilfunkgeräten bestanden in der Größe, der beschränkten Reichweite und der schlechten Sprachqualität. Durch die hohe Integrationsdichte heutiger Elektronikgeräte ist es gelungen, die Größe eines Mobiltelefons von Schrankgröße auf Taschenformat zu verkleinern und auch die Sprachqualität konnte durch den Einsatz von digitaler Sprachkompression und Fehlerkorrekturverfahren deutlich verbessert werden, ohne wesentliche Vergrößerung der erforderlichen Bandbreite. Das Problem der beschränkten Reichweite wurde durch sogenannte zelluläre Mobilfunknetze gelöst, die den überdeckten Raum in kleine, einander überlappende, Funkzellen aufteilen.

Der heute aktuelle Standard für die Entwicklung von Mobilfunktelefonen ist der GSM-Standard (Global System for Mobile Communication) [1], der zu Beginn der 90'er-Jahre als europäischer Standard (Groupe Spéciale Mobile) entwickelt wurde. Telefone nach diesem Standard haben die oben dargestellten Eigenschaften, kombiniert mit einem geringen Preis, was zu einer starken Verbreitung führte. Heute gibt es GSM-Netze in mehr als 120 Ländern weltweit; allein in Europa erwartet man für das Jahr 2000 mehr als 40 Millionen Teilnehmer. In einigen Ländern Skandinaviens verwendet bereits jeder zweite Bürger ein Mobiltelefon. Eine Erweiterung des GSM-Standards, DCS 1800 (Digital Cellular System), sorgt durch neue Frequenzbereiche bei sonst gleicher technischer Spezifikation für die nötige Kapazität, um auch ein weiteres Wachstum der Teilnehmerzahlen zu bewältigen.

Neben GSM gibt es mit DECT (Digital Enhanced Cordless Telecommunication) [2] einen zweiten in Europa wichtigen Standard für Funktelefone. Im Gegensatz zu GSM ist DECT nicht für eine flächendeckende Versorgung von mobilen Teilnehmern, sondern für den Einsatz in Privatwohnungen oder Gewerberäumen vorgesehen. DECT ist daher nicht auf eine umfangreiche Netzinfrastruktur angewiesen, sondern besteht nur aus einer Basisstation und dem Mobilteil.

Mittelfristig ist die Zusammenführung von DECT und GSM geplant. Noch im Jahr 1999 wollen einige Hersteller die ersten Mobilteile auf den Markt bringen, die beide Standards beherrschen. Eine völlige Zusammenfassung beider Netzstandards (mit deutlich erweiterter Funktionalität) ist für den kommenden Standard UMTS (Universal Mobile Telecommunication System) geplant. UMTS soll Satelliten integrieren und wesentlich mehr Dienste anbieten, als dies in heutigen Netzten möglich ist, beispielsweise Videokonferenzen oder schnelle Datendienste im mobilen Umfeld.

Der Trend, immer mehr Dienste für immer mehr Teilnehmer in mobilen Netzen anzubieten, führt zu einer verstärkten Abhängigkeit von diesen mobilen Kommunikationsdiensten. Deshalb muss sichergestellt werden, dass der Teilnehmer ein ähnliches Sicherheitsniveau im Mobilfunknetz erreicht, wie er es vom Festnetz kennt. So erwartet der Teilnehmer in der Regel, dass er nur für seine eigenen Telefonate bezahlen muss, dass niemand seine Telefonate abhören kann, und dass niemand an seiner Stelle ein Telefonat annimmt. Umgekehrt erwartet der Netzbetreiber, dass er für die von ihm erbrachten Dienste bezahlt wird. Durch die spezifischen Eigenschaften einer Verbindung zwischen Netz und Teilnehmer über eine Funkschnittstelle ist es schwierig, dieses Sicherheitsniveau zu erreichen.

Neben diesen offensichtlichen Sicherheitsproblemen gibt es jedoch noch weitere Aspekte, die erst durch die Struktur des Mobilfunknetzes hervorgerufen werden und daher dem normalen Teilnehmer verborgen bleiben. So speichert der Netzbetreiber in seiner Datenbank, ob das Mobiltelefon des Teilnehmers eingeschaltet ist. Wenn das Telefon eingeschaltet ist, wird der Aufenthaltsort des Teilnehmers gespeichert. Es ist damit relativ einfach möglich, das Verhalten eines Teilnehmers zu erfassen, z. B. die Zeiten, zu denen er schläft und daher das Telefon ausschaltet, oder seine Bewegungen zu protokollieren. Korreliert man die Bewegungsprofile unterschiedlicher Teilnehmer miteinander, so lassen sich u. U. sogar Treffen von Personen erkennen. Alle diese Informationen sind durch einfache Datenbankabfragen zugänglich, es muss also nicht erst umständlich eine gezielte Überwachung veranlasst werden.

Der folgende Text gliedert sich wie folgt. Im nächsten Abschnitt werden die Grundlagen von zellulären Mobilfunknetzen am Beispiel des aktuellen GSM-Standards besprochen. Der folgende Abschnitt zeigt die Sicherheitsprobleme im Zusammenhang mit Mobilfunknetzen sowie einige klassische Lösungsansätze. Abschnitt vier geht dann noch einmal näher auf das Problem der Bewegungsprofile ein und präsentiert ein Verfahren, welches die Privatsphäre des Teilnehmers besser schützt.

2. Zelluläre Mobilfunknetze

Um ein gegebenes Gebiet mit einem Mobilfunknetz zu versorgen, gibt es prinzipiell zwei Möglichkeiten. Der erste Ansatz besteht darin, einen starken Sender mitten in das Gebiet zu stellen und es damit komplett abzudecken. Dieser Ansatz hat den Nachteil, dass auch die Mobiltelefone eine sehr hohe Sendeleistung benötigen und damit neben einer hohen Strahlenbelastung für den Teilnehmer auch ein hoher Energieverbrauch entsteht. Die Zahl der Frequenzen, auf denen Funkübertragungen durchgeführt werden können, ist beschränkt, so dass dieser zentralisierte Ansatz nur wenige Teilnehmer gleichzeitig bedienen kann.

In der Praxis wird daher der Ansatz der zellulären Mobilfunknetze verfolgt. Hierbei wird das zu versorgende Gebiet in viele kleine Zellen unterteilt, für die jeweils ein Sendemast, also eine Basisstation, benötigt wird. Innerhalb einer Zelle wird mit einer geringen Leistung gesendet, die so bemessen ist, dass Mobilstation und Basisstation gerade gut miteinander kommunizieren können. Durch diese Beschränkung ist es möglich, erheblich längere Akkulaufzeiten der Mobilstation zu erreichen und gleichzeitig mehr Teilnehmer zu bedienen, da Frequenzen in anderen Zellen wiederverwendet werden können. Durch die Überlappung mehrerer Zellen ist es ferner möglich, dass ein Mobiltelefon gleichzeitig durch verschiedene Sendestationen bedient wird und so die optimale Sendestation auswählen kann. Dies ist insbesonders dann hilfreich, wenn der nächste Sendemast durch einen Berg oder ein großes Gebäude verdeckt ist.

Je nach Größe einer Zelle unterscheidet man zwischen Makrozellen, Mikrozellen und Picozellen. Eine Makrozelle umfasst ein großes Gebiet von bis zu 40 km Durchmesser. In dicht besiedelten Gebieten oder entlang von Autobahnen verwendet man Mikrozellen, deren Durchmesser nur wenige Kilometer beträgt. Für spezielle Umgebungen, z. B. Züge oder Messehallen, werden Picozellen verwendet, deren Durchmesser unterhalb einem Kilometer liegt. In Deutschland werden für die beiden GSM-Netze ca. 6000 Zellen verwendet.

Die beschränkte Kapazität der Luftschnittstelle wird durch eine Vielzahl von Techniken optimal ausgenutzt. Durch die Verwendung von kleinen Zellen ist es möglich, Frequenzen mit geringem örtlichem Abstand erneut zu verwenden. Der zur Verfügung stehende Frequenzbereich wird zudem in viele Kanäle mit eingeschränkter Bandbreite unterteilt, so dass mehrere Mobilstationen gleichzeitig innerhalb einer Zelle auf unterschiedlichen Kanälen senden können. Jeder Kanal wird schließlich zeitlich in mehrere Slots unterteilt, so dass mehrere Mobilstationen den gleichen Kanal zeitversetzt quasigleichzeitig verwenden. Im GSM-Netz stehen 125 Kanäle mit jeweils 8 Slots zur Verfügung, so dass maximal 1000 Teilnehmer pro Zelle gleichzeitig telefonieren könnten. Da jedoch nicht in jeder Zelle alle Frequenzen verwendet werden dürfen, weil sich sonst benachbarte Zellen stören würden, können in der Praxis deutlich weniger Teilnehmer gleichzeitig telefonieren. Hinzu kommt, dass die zur Verfügung stehenden Kanäle in den meisten Ländern von mehreren Netzbetreibern verwendet werden, so dass jeder einzelne Netzbetreiber nur einen Bruchteil der Kanäle benutzen darf. In Deutschland teilen sich D1 und D2 die GSM-Kanäle. E-Plus und Viag Interkom verwenden hingegen die Kanäle des erweiterten DCS 1800 Standards.

Die Verwendung der Zeitscheibentechnik, also die Unterteilung der Kanäle in einzelne Slots, macht es nötig, den Abstand zwischen Mobilstation und Basisstation zu messen. Je nach Abstand ergeben sich unterschiedliche Signallaufzeiten, denn Funkwellen breiten sich mit Lichtgeschwindigkeit aus. Damit sich nun nicht verschiedene Mobilstationen gegenseitig stören, ist es notwendig, dass sie sich miteinander synchronisieren. Alle Mobilstationen müssen ihre Sendungen genau soweit verzögern, dass sie beim Empfang in der Basisstation zeitlich exakt im Slot liegen. Hierzu definiert der GSM-Standard einige Messprotokolle und trickreiche Anmeldeprozeduren, die einen störungsfreien Betrieb ermöglichen. Durch die Bestimmung des Abstands zwischen Mobilstation und Basisstation kann ein Teilnehmer relativ genau angepeilt werden. Zur exakten Positionsbestimmung des Teilnehmers ist daher nur noch die Bestimmung der Richtung notwendig, aus der er sendet. Eine solche Richtungsbestimmung ist derzeit nicht im Standard vorgesehen, jedoch wird dies für zukünftige Erweiterungen diskutiert. Der Hintergrund dieser Überlegungen ist der, dass man versucht, durch gerichtete Sende- und Empfangsantennen auch innerhalb einer Zelle eine Frequenz mehrfach zu verwenden. Hierzu ist es jedoch nötig, die Zelle in einzelne Sektoren zu unterteilen und jede Mobilstation eindeutig innerhalb des Sektors zu lokalisieren.

Nachdem die Kapazität eines Funkkanals durch die Zeitscheibentechnik und die Unterteilung der Frequenzen deutlich beschränkt wurde, müssen die Daten vor der Übertragung komprimiert werden. Auf der Luftschnittstelle überträgt GSM Daten mit ca. 23 Kbit/s, wobei darin Fehlerkorrekturinformationen enthalten sind. Die Nettodatenrate, also die reine Nutzdatenrate ohne diese Fehlerkorrekturinformationen, beträgt 13,6 Kbit/s. Im Festnetz verwendet ISDN eine Datenrate von 64 Kbit/s und erreicht so eine anerkannt gute Sprachqualität. Um eine vergleichbare Qualität zu erreichen, wird im GSM-Netz mit speziellen Komprimierungsbausteinen eine Reduktion der Datenrate auf besagte 13,6 Kbit/s vorgenommen.

Für Datenanwendungen ist eine bessere Sicherung vor Übertragungsfehlern notwendig. Hierzu wird die Nettodatenrate noch weiter auf 9,6 Kbit/s redu-

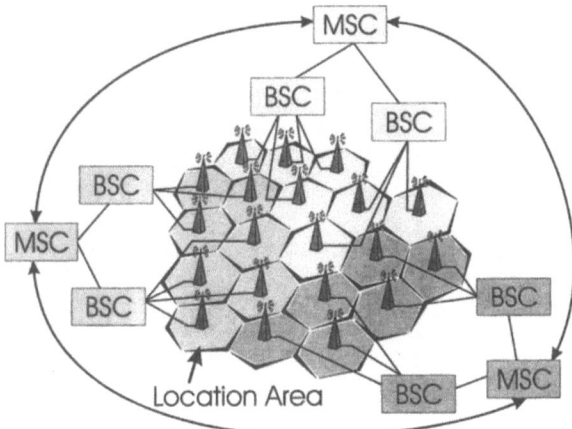

Abb. 1: Struktur eines GSM-Netzes

ziert, die Bruttodatenrate auf der Luftschnittstelle bleibt hingegen gleich. Im Vergleich mit den im Festnetz erreichbaren Datenraten (ATM erreicht 155 Mbit/s und mehr) sind die heutigen Mobilfunknetze also offenbar nur schlecht für umfangreiche Datendienste nutzbar.

Ein GSM-Netz besteht nicht nur aus den Basisstationen, sondern einer kompletten Netzinfrastruktur. Diese Struktur besteht aus mehreren Hierarchieebenen, wie in Abbildung 1 gezeigt wird.

Das gesamte bediente Gebiet des Netzes wird in einzelne Zellen unterteilt, wobei jede Zelle eine eigene Basisstation mit entsprechendem Sendemast besitzt. Anstelle eines freistehenden Sendemastes werden in der Praxis oft Häuser oder Kirchtürme verwendet, um Kosten zu sparen und die Anlagen quasi unsichtbar zu installieren. Jede Basisstation wird von einem Base Station Controller (BSC) gesteuert, der die Verantwortung für mehrere Zellen und damit Basisstationen hat. Mehrere Base Station Controller unterstehen dem Mobile Switching Center (MSC), welches vergleichbar mit einer Vermittlungsstelle ist. Die MSCs sind untereinander über ein schnelles Backbone-Netz verbunden, über welches die Gespräche zwischen MSCs geleitet werden. Ein MSC verwaltet bis zu 600.000 Teilnehmer, wobei pro Stunde bis zu 100.000 Kommunikationswünsche verarbeitet werden können.

Für die Verwaltung der Teilnehmer ist es wichtig, deren Aufenthaltsort zu kennen. Hierzu wird der Begriff der Location Area (LA) eingeführt. Eine Location Area entspricht im einfachsten Fall einer Funkzelle. Technisch ist es jedoch auch möglich, mehrere Funkzellen eines BSC als eine logische Einheit, also als eine Location Area zu betrachten.

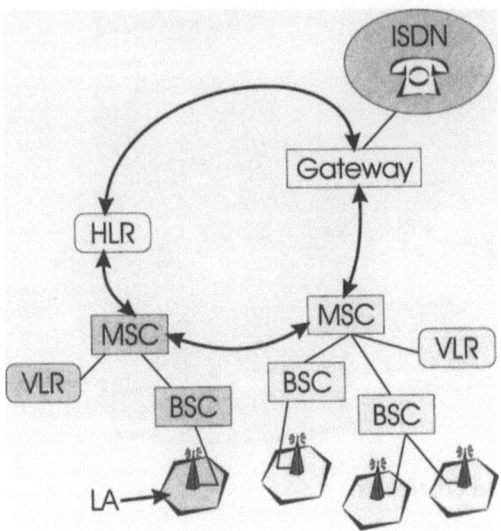

Abb. 2: Gesamtstruktur des GSM-Netzes

Die Location Area wird verwendet, um die Lokalisierung eines Teilnehmers zu ermöglichen. Wenn ein Anruf für einen Teilnehmer ankommt, muss das Netz eine Verbindung zu dem entsprechenden Endgerät herstellen. Hierfür ist es notwendig, die Funkzelle zu bestimmen, in der sich der Teilnehmer befindet. Im einfachsten Fall könnte der eingehende Anruf über alle Sendemasten ausgestrahlt werden und so der Teilnehmer ausfindig gemacht werden (Broadcast). Dies führt jedoch zu einer erheblichen Auslastung der Luftschnittstelle. Um dies zu vermeiden, speichert das Netz permanent die Aufenthaltsorte aller Teilnehmer in einer Datenbank. Dadurch ist es möglich, nur in der entsprechenden Location Area nach dem Teilnehmer zu rufen. Die Größe der Location Area wird so bestimmt, dass der Verwaltungsaufwand akzeptabel ist und gleichzeitig die Signalisierung bei einem eingehenden Ruf keine wesentliche Belastung der verfügbaren Kapazität darstellt.

Für die Verwaltung der Teilnehmer wird eine Datenbank, das sogenannte Home Location Register (HLR) verwendet (Abb. 2). Jeder Teilnehmer kann aufgrund seiner Telefonnummer eindeutig dem HLR bei seinem Netzbetreiber zugeordnet werden. Im HLR sind verschiedene Daten des Teilnehmers, wie Rechnungsanschrift, Rechnungsdaten und die vom Teilnehmer angeforderten Dienstprofile gespeichert. Ferner enthält das HLR die Information über den aktuellen Aufenthaltsort des Teilnehmers. Diese Information ist in Form eines Verweises auf eine zweite Datenbank, das Visitor Location Register (VLR), enthalten. Das VLR ist eine Datenbank mit lokaler Gültigkeit, es speichert nur

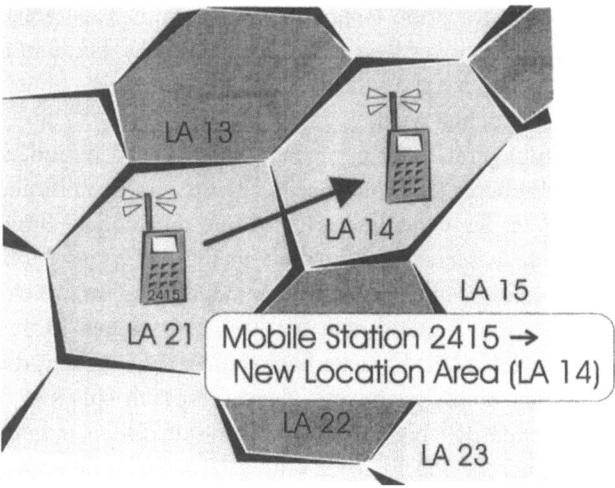

Abb. 3: Wechsel der Funkzelle bzw. der Location Area

Informationen über Teilnehmer, die sich im Bereich dieses VLRs aufhalten. Hierzu besitzt in der Regel jedes MSC ein eigenes VLR. Die genauere Information über den Aufenthaltsort in Form der Location Area ist in dem VLR abgelegt. Dies bedeutet, dass bei einem Wechsel der Location Area jeweils ein Zugriff auf das VLR notwendig ist, aber erst beim Wechsel in eine Location Area, die einem anderen VLR untersteht, eine Aktualisierung des HLR.

Neben HLR und VLR gibt es noch einige weitere zentrale Datenbanken, die Informationen über alle Endgeräte bzw. über Authentifizierungscodes enthalten. Auf diese Datenbanken soll hier nicht weiter eingegangen werden, es sei nur darauf hingewiesen, dass jedes Endgerät über eine eindeutige Nummer verfügt, die unabhängig vom Teilnehmer ist. Hierdurch ist es möglich, defekte Endgeräte zu kennzeichnen oder gestohlene Endgeräte zunächst zu erkennen und dann auch außer Betrieb zu nehmen.

Meldet sich ein Teilnehmer in einem fremden Netz an, z. B. weil er sich im Ausland befindet, oder weil sein Stammnetz nicht verfügbar ist, so wird dies als ein normaler Vorgang angesehen, bei dem im HLR die Adresse des nun aktuellen VLRs gespeichert wird. Die Referenz auf das VLR schließt also nicht nur die eigenen VLRs ein, sondern die VLRs aller weltweit verfügbaren Netze.

Die Aktualisierung der Aufenthaltsinformation für einen Teilnehmer erfolgt bei eingeschaltetem Endgerät permanent. Hierzu wird an den Zellgrenzen ein sogenanntes Handover bzw. ein Location Update eingeleitet (siehe Abb. 3). Unter einem Location Update versteht man den oben beschriebenen Prozess der Änderung der Location Area-Information in den Datenbanken VLR und ggf. HLR. Das Handover beschreibt einen Prozess, bei dem ein bestehendes Gespräch zwischen zwei Funkzellen übergeben wird, ohne dass dabei das Gespräch unterbrochen wird.

Das Mobilfunkgerät sucht permanent, also auch während eines Gesprächs, nach den verfügbaren Basisstationen. Sobald das Mobilfunkgerät eine Verschlechterung der Signalqualität erkennt und eine andere Basisstation verfügbar ist, die eine bessere Signalqualität bietet, leitet das Mobilfunkgerät ein Handover ein. Das Mobilfunknetz leitet dann das Gespräch auf die zweite Basisstation um und bestätigt den Wechsel. Von diesem Moment an wird das Gespräch komplett über die neue Basisstation abgewickelt, die ursprüngliche Basisstation hat nichts mehr mit dem Gespräch zu tun. Während eines Gesprächs können beliebig viele Handover stattfinden, was insbesondere bei schnellen Zugfahrten oder Fahrten auf der Autobahn der Normalfall ist.

3. Sicherheit in Mobilfunknetzen

Bei der Betrachtung von Sicherheit spricht man von Schutzzielen, die für die beteiligten Parteien erfüllt sein können. Dabei ist es möglich, dass die Schutzziele der an der Kommunikation beteiligten Parteien gegenläufig sind und daher im schlimmsten Fall keine Kommunikation möglich ist. Werden die Interessen aller beteiligten Parteien beachtet, so spricht man von mehrseitiger Sicherheit.

Betrachtet man beispielsweise die Verbergung von Lokalisierungsinformationen, die ein Schutzziel darstellen kann, so ergeben sich für unterschiedliche Anwender unterschiedliche Anforderungen. Ein Fuhrparkunternehmen benötigt zur effizienten Fuhrparksteuerung jederzeit die aktuelle Position ihrer Fahrzeuge, so dass der Unternehmer die Lokalisierungsinformation nicht als schützenswert betrachtet. Ein Spitzenpolitiker, der von Terroristen bedroht wird, wird hingegen die Lokalisierungsinformation um jeden Preis verborgen halten. Auch der „normale Bürger" wird in der Regel kein Interesse daran haben, jederzeit lokalisierbar zu sein. Ein anderes Schutzziel stellt die Anonymität dar. Dieses Schutzziel ist aus Sicht der Strafverfolgungsbehörden nicht erwünscht, jedoch wird es z. B. für die Drogenberatung benötigt, um die angesprochene Zielgruppe überhaupt zu erreichen. Ebenso ist dieses Schutzziel notwendig, um Meldungen von Straftaten anonym zu ermöglichen, da viele „Insider" nicht bereit sind, ihre Identität preiszugeben.

Die Frage, welche Schutzziele realisiert werden, bzw. wie die Kommunikationspartner die für ihre aktuelle Situation benötigten Schutzziele auswählen, soll hier nicht weiter vertieft werden. Statt dessen wird im folgenden Text auf die technische Realisierung ausgewählter Schutzziele eingegangen.

Mobilfunknetze haben durch die Luftschnittstelle besondere Eigenschaften, die eine andere Bewertung der Sicherheit erfordern, als dies bei Festnetzen erforderlich ist. Ferner unterscheiden sich beide Netzformen durch die Mobilität der Benutzer und der damit verbundenen zusätzlichen Information des aktuellen Aufenthaltsortes.

Die Kommunikation zwischen Mobilfunkgerät und der Sendestation verläuft über die Luftschnittstelle, die von jedem Interessierten abgehört werden kann. Zudem kann jeder eigene Funksignale generieren und so als Teilnehmer erscheinen. In älteren Netzen war es dadurch einfach möglich, die bestehenden Gespräche zu belauschen oder auf Kosten anderer zu telefonieren. Insbesondere Computerkriminelle („Cracker") haben in der jüngeren Vergangenheit von dieser Möglichkeit profitiert. Neben der Kostenersparnis ergibt sich für den Kriminellen der Vorteil, dass er die Identität einer anderen Person nutzt, um seine Geschäfte zu erledigen. Da er keinen physikalischen Kontakt zum Netz herstellt, ist er zudem nur mit hohem Aufwand fassbar.

Mit GSM wurden diese Probleme größtenteils beseitigt. Zunächst wird bei GSM die Kommunikation über die Luftschnittstelle verschlüsselt [3]. Zusätzlich dazu wird ein Authentifizierungsmechanismus eingesetzt, der es verbietet, dass ein Teilnehmer die Identität eines anderen Teilnehmers annimmt. In der Praxis ist jedoch gerade dieser Authentifizierungsmechanismus in die Kritik geraten, weil einige Netzbetreiber unzureichende Implementierungen verwenden, die bereits von Crackern gebrochen wurden. Auf die Details der Verschlüsselung und der Authentifizierung wird später genauer eingegangen.

Ein weiteres Problem der Luftschnittstelle stellt die Peilbarkeit des Teilnehmers dar. Wie bereits im letzten Abschnitt angedeutet wurde, wird die Entfernung des Teilnehmers von der Sendestation permanent vom Netz ermittelt. Außerdem ist es relativ einfach möglich, eine genaue Peilung des Teilnehmers durchzuführen. Für den Netzbetreiber gibt es dabei keine Hindernisse. Außenstehende können jedoch weder auf die vom Netz gemessenen Entfernungen zurückgreifen, noch können sie die Daten auf dem Funkkanal einem Teilnehmer zuordnen. Dies wird dadurch erreicht, dass auf der Funkschnittstelle fast nur verschlüsselte Daten übertragen werden und dass statt der eindeutigen Teilnehmernummer (International Mobile Subscriber Identity, IMSI) wenn möglich eine temporäre Teilnehmernummer (Temporary Mobile Subscriber Identity, TMSI) verwendet wird. Diese temporäre Teilnehmernummer wird in regelmäßigen Abständen geändert, so dass ein Außenstehender die einzelnen Teilnehmer nur schwer erkennen kann. Anstatt also die Peilbarkeit einzuschränken, wird bei GSM der Versuch unternommen, die Teilnehmer zu anonymisieren. In der Praxis funktioniert das relativ gut, allerdings schützt dieser Mechanismus nicht vor Angriffen durch den Netzbetreiber oder durch Organisationen, die das Netz des Netzbetreibers abhören können.

Ein Schutz vor Peilbarkeit ist mit Hilfe eines sogenannten Codespreizverfahrens (Code Division Multiple Access, CDMA) möglich. Bei diesem Verfahren wird die Sendeenergie der Mobilstation auf eine sehr große Bandbreite verteilt. Hierdurch erreicht man, dass die Energiedichte bezogen auf die Frequenz sehr gering ist und damit unterhalb der Rauschgrenze liegt. Realisiert wird die Verteilung auf einen großen Frequenzbereich durch eine Multiplikation des Nutzsignals mit einem sehr hochfrequenten Signal, welches durch einen Pseudozufallsgenerator gewonnen wird. Der Empfänger benötigt das gleiche Signal, um aus dem Empfangssignal das gesendete Signal zurückzugewinnen. Durch die erneute Modulation wird das Ursprungssignal gewonnen. Wenn ein Angreifer versucht, das Signal zu peilen oder abzuhören, so wird er ohne Kenntnis des Modulationssignals scheitern. Der wesentliche Nachteil des Verfahrens liegt in einer höheren Komplexität, da Sender und Empfänger exakt synchronisiert sein müssen und zusätzliche Modulationseinheiten benötigen. Im GSM-Standard kommt dieses Verfahren noch nicht zum Einsatz, der Nachfolger UMTS wird aber CDMA einsetzen.

Für die Realisierung von Vertraulichkeit auf dem Funkkanal, also für die Verschlüsselung der Daten, gibt es verschiedene bekannte Algorithmen [4]. Zunächst unterscheidet man zwischen sogenannter symmetrischer Kryptographie und asymmetrischer Kryptographie. Im ersten Fall verwenden Sender und Empfänger den gleichen Schlüssel, also das gleiche Geheimnis, um die Daten ver- bzw. entschlüsseln zu können (siehe Abb. 4). Der Nachteil dieser Methode liegt offenbar darin, dass es schwierig ist, die Schlüssel zu verwalten, da für je zwei Kommunikationspartner ein eigener Schlüssel benötigt wird. Die Gewinnung der Schlüssel aus bekannten Daten, z. B. der Telefonnummer, ist dabei natürlich nicht möglich, da der Schlüssel geheim sein muss. Symmetrische Verschlüsselungsverfahren sind bereits seit mehreren Jahrtausenden bekannt und heutige Verfahren sind sehr gut verstanden. Die Sicherheit eines kryptographischen Algorithmus zu beweisen, ist jedoch in der Regel unmög-

Abb. 4: Prinzip der symmetrischen Verschlüsselung

lich. Statt dessen ist es üblich, möglichst viele Details über den Algorithmus zu veröffentlichen. Wenn ein Algorithmus über Jahre hinweg allen Angriffen der Forschungsgemeinde standhält, gilt er als sicher. In seltenen Fällen wird versucht, Sicherheit dadurch zu erreichen, dass der Algorithmus geheim gehalten wird („Security by obscurity"). Dies ist auch im GSM-Netz der Fall, wo die eingesetzten Verfahren nur informell beschrieben werden, aber der wirkliche Algorithmus mit allen Details nur einigen wenigen Firmen zur Verfügung steht. Insofern läßt sich über die Sicherheit dieser Algorithmen nur wenig sagen.

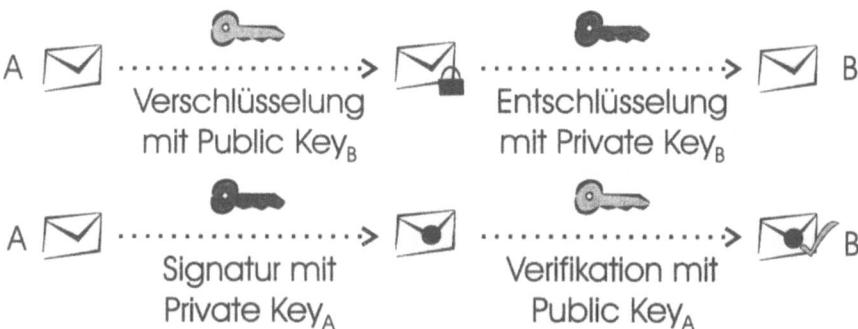

Abb. 5: Prinzip der asymmetrischen Verschlüsselung

Eine zweite Klasse von Verschlüsselungsalgorithmen wird unter dem Begriff asymmetrische Kryptographie zusammengefasst. Asymmetrische Kryptoalgorithmen basieren nicht nur auf einem Schlüssel, sondern sie verwenden einen geheimen und einen öffentlichen Schlüssel. Der geheime Schlüssel, der auch als privater Schlüssel (Private Key) bezeichnet, wird für die Entschlüsselung eingesetzt, während der öffentliche Schlüssel (Public Key) für die Verschlüsselung benötigt wird (siehe Abb. 5). Hierdurch ist es möglich, den öffentlichen Schlüssel für jeden zugänglich zu machen, z. B. auf der Visitenkarte, so dass jeder die Daten verschlüsseln kann, aber nur der richtige Empfänger mit seinem privaten Schlüssel die Daten entschlüsseln kann. Durch asymmetrische Kryptographie ist der Aufwand für die Schlüsselverwaltung deutlich geringer, da jeder Teilnehmer nur seinen eigenen privaten Schlüssel und die öffentlichen Schlüssel aller Kommunikationspartner verwalten muss. Da die öffentlichen Schlüssel nicht geheim gehalten werden müssen, können sie auch in einer zentralen Datenbank – vergleichbar einem Telefonbuch – gespeichert und bei Bedarf ermittelt werden.

Asymmetrische Kryptographie hat noch eine weitere interessante Eigenschaft. Wenn der Besitzer des privaten Schlüssels eine Nachricht mit seinem

Schlüssel verschlüsselt, so kann diese mit dem öffentlichen Schlüssel entschlüsselt werden. Damit kann also potentiell jeder die Nachricht entschlüsseln. Verschlüsselt der Absender seine Nachricht mit seinem privaten Schlüssel, kann der Empfänger so überprüfen, ob die Nachricht wirklich von dem Absender stammt. Dieses Verfahren wird als Digitale Signatur bezeichnet. In der Praxis wird dabei nicht die ganze Nachricht mit dem privaten Schlüssel verschlüsselt, sondern nur ein sogenannter Hashwert, der mit Hilfe einer komplexen mathematischen Funktion aus der Nachricht berechnet wird. Hierdurch ist es möglich, auch Veränderungen an der Nachricht eindeutig auszuschließen, ohne die Nachricht selbst öffentlich lesbar zu machen.

In der Praxis werden symmetrische Algorithmen deswegen bevorzugt, weil sie deutlich schneller berechnet werden können und die Berechnung auch auf kleinsten Computern, z. B. auf Chipkarten, leicht durchführbar ist. Asymmetrische Algorithmen haben durch die Möglichkeit der digitalen Signatur und der einfacheren Schlüsselverwaltung erhebliche Vorteile. Daher kombiniert man oft beide Algorithmentypen, indem man die Nachricht mit einem symmetrischen Algorithmus verschlüsselt und anschließend den Schlüssel für diesen Algorithmus mit Hilfe eines asymmetrischen Verfahrens verschlüsselt. Diese Methode wird als hybride Kryptographie bezeichnet.

Ein Problem der praktisch eingesetzten Algorithmen liegt in der extremen Steigerung der Rechenleistung moderner Computer. Während der weitverbreitete DES-Algorithmus [5] bei seiner Veröffentlichung im Jahr 1977 als sicher galt, ist es heute durch bloßes Probieren aller existierenden Schlüssel (Brute Force-Attacke) mit Hilfe eines Spezialcomputers möglich, DES in etwa 22 Stunden zu brechen [6]. Aus diesem Grund kann eine sichere Kommunikation nur mit aktualisierten Algorithmen bzw. entsprechend großen Schlüssellängen realisiert werden. Solche Algorithmen dürfen jedoch in einigen Ländern nicht eingesetzt werden, in anderen Ländern, vornehmlich den USA, Kanada und neuerdings auch der EU, eingesetzt, aber nicht exportiert werden. Verbote solcher Algorithmen werden von den jeweiligen Ländern ausgesprochen, damit die eigenen Sicherheitsbehörden die Kommunikation der Bürger abhören können. Der Export wird verboten, da Verschlüsselungssysteme als Kriegswaffen eingestuft werden, die es dem Gegner ermöglichen, abhörsicher zu kommunizieren.

Ohne hier in die Diskussion über Sinn und Unsinn solcher Regelungen absteigen zu wollen, sei jedoch darauf hingewiesen, dass der Export von Büchern über Kryptographie in der Regel nicht verboten ist, selbst dann nicht, wenn in diesen Büchern komplette Programme abgedruckt sind, die einzeln nicht exportiert werden dürften. Es ist damit offensichtlich, dass „fremde Mächte" entsprechende Programme einsetzen können. Auf der anderen Seite

Mobilfunk und Sicherheit – (Wie) Passt das zusammen? 27

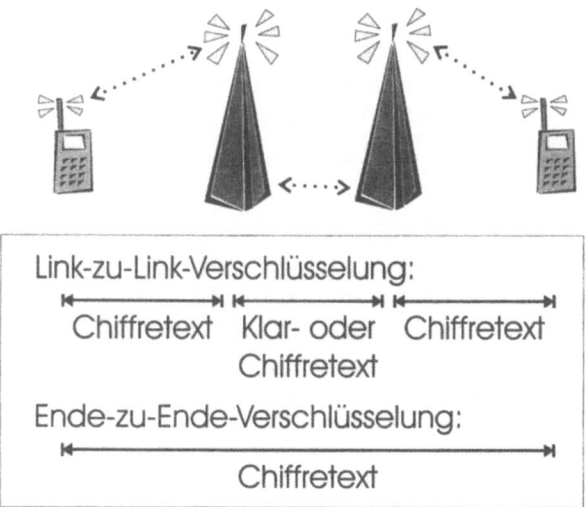

Abb. 6: Link-zu-Link- gegenüber Ende-zu-Ende-Verschlüsselung

ist ein Verbot von starker Kryptographie praktisch nicht kontrollierbar, da es mit der sogenannten Steganographie [7] Verfahren gibt, die eine Nachricht für Unbeteiligte unsichtbar in eine andere Nachricht einbetten.

Bei der Implementierung in einem Netzwerk gibt es verschiedene Möglichkeiten, die Verschlüsselung zu realisieren. Bei der im GSM-Netz verwendeten Link-zu-Link-Verschlüsselung wird die Verschlüsselung jeweils zwischen zwei Kommunikationspunkten durchgeführt (vgl. Abb. 6). Das bedeutet, dass die Kommunikation zwischen Mobilfunkgerät und der Basisstation verschlüsselt wird, die Kommunikation innerhalb des Mobilfunknetzes jedoch unverschlüsselt stattfindet. Im Gegensatz dazu wird bei der Ende-zu-Ende-Verschlüsselung auf der ganzen Kommunikationsstrecke verschlüsselt kommuniziert, die Daten werden im Mobilfunkgerät verschlüsselt und erst beim Zielgerät entschlüsselt. Vom Standpunkt der Sicherheit ist dieser Ansatz offenbar der bessere, jedoch müssen hierzu die Endgeräte Schlüssel austauschen. Die Verbindungsdaten, die zur Bereitstellung der Kommunikationsverbindung durch das Netz benötigt werden, müssen zusätzlich verschlüsselt werden. Vorteilhaft ist dabei, dass nur ein Schlüssel zwischen Basisstation und Mobilfunkgerät ausgetauscht werden muss.

Am Beispiel des weit verbreiteten RSA-Verfahrens [8] soll nun erklärt werden, wie ein asymmetrisches Kryptosystem realisiert werden kann. RSA wurde nach seinen Erfindern Rivest, Shamir und Adleman benannt und stellt das am besten untersuchte und am besten bekannte Verfahren dieser Kategorie dar. Es basiert darauf, dass heute kein Algorithmus bekannt ist, der es erlaubt, große Zahlen schnell zu faktorisieren.

Zur Berechnung der Schlüssel wählt man zwei große Primzahlen p und q, beispielsweise mit jeweils 100 Dezimalstellen. Nun berechnet man das Produkt n dieser Zahlen und das Ergebnis der Eulerschen-Φ-Funktion. Diese Funktion bestimmt die Anzahl der zu n teilerfremden Zahlen im Intervall $[0, n-1]$. In dem Spezialfall, dass n das Produkt zweier Primzahlen ist, ergibt sich $\Phi(n) = (p-1) \cdot (q-1)$.

Nun wählt man eine Zahl e, die teilerfremd zu n ist. Häufig wählt man hierzu eine Konstante mit bestimmten Eigenschaften, die später die Berechnungen vereinfachen, also z. B. 3 oder 65537. Anschließend berechnet man mit Hilfe des erweiterten euklidischen Algorithmus das Inverse d zu e bezüglich n, also die Zahl d, für die $d \cdot e \bmod \Phi(n) = 1$ gilt.

Der öffentliche Schlüssel besteht nun aus den Zahlen e und n, der private Schlüssel enthält d und n. Offensichtlich ist es leicht, aus dem öffentlichen Schlüssel den privaten Schlüssel zu berechnen, wenn n in die Primfaktoren p und q zerlegt werden kann. Bislang ist jedoch kein Algorithmus bekannt, der dies für große Primfaktoren effizient realisiert. Es konnte aber auch noch nicht bewiesen werden, dass es einen solchen Algorithmus nicht gibt. Insofern kann das Verfahren nur als vorläufig sicher angenommen werden.

Um nun einen Nutzen aus den generierten Schlüsseln zu ziehen, benötigt man noch eine Funktion zum Verschlüsseln und eine Funktion zum Entschlüsseln. Eine Nachricht m wird mit Hilfe der Formel $c = m^e \bmod n$ zu einem Chiffretext c verschlüsselt. Dieser kann anschließend wieder mit Hilfe der Entschlüsselungsfunktion $m = c^d \bmod n$ entschlüsselt werden. Eine Nebenbedingung ist dabei, dass $m < n$ ist. Größere Nachrichten müssen daher in mehrere Teilstücke unterteilt werden. Da in der Praxis jedoch normalerweise nur der Schlüssel für ein symmetrisches Kryptosystem mit RSA verschlüsselt wird, symmetrische Schlüssel aber meistens deutlich kürzer sind, kommt dieser Fall selten zur Anwendung.

Zunächst soll der ganze Algorithmus anhand eines einfachen Zahlenbeispiels verdeutlicht werden. Es werden die Primzahlen $p = 17$ und $q = 19$ frei gewählt. Daraus errechnet man $n = 17 \cdot 19 = 323$ und $\Phi(n) = (17-1) \cdot (19-1) = 288$. Für den öffentlichen Schlüssel wählt man nun noch ein e relativ prim zu n, also z. B. $e = 43$ und berechnet das Inverse d bezüglich n. Mit Hilfe des euklidischen Algorithmus ergibt sich $d = 67$, da $d \cdot e \bmod n = 67 \cdot 43 \bmod 288 = 1$ gilt.

Der öffentliche Schlüssel lautet nun <43, 288> und der geheime private Schlüssel <67, 288>. Verschlüsselt man die Nachricht $m = 219$, so erhält man $c = 219^{43} \bmod 323 = 281$. Für die Entschlüsselung gilt $m = 281^{67} \bmod 323 = 219$.

Im Vergleich mit symmetrischen Kryptosystemen ist RSA deshalb relativ langsam und aufwendig, weil sehr große Zahlen potenziert werden müssen. Durch geschickte Wahl der Algorithmen kann der Aufwand zwar etwas reduziert werden, er bleibt jedoch vergleichsweise hoch. Hinzu kommt, dass der Speicherbedarf für die großen Zahlen die Implementation auf Microcontrollern oder Smartcards erschwert. Diese schwach ausgerüsteten Minicomputer sind aber gerade diejenigen, die in Sicherheitsanwendungen oder auch im Mobilfunk häufig eingesetzt werden. Für Mobiltelefone zeichnet sich aber der Trend ab, dass dort recht leistungsstarke Mikroprozessoren eingesetzt werden, die aufgrund der hohen Stückzahlen preislich akzeptabel sind. Daher dürfte es in kommenden Generationen von Mobilfunknetzen ausreichende Rechenleistung auch für asymmetrische Verschlüsselungssysteme geben. Allerdings könnte die Steigerung der Rechenleistung wiederum dadurch kompensiert werden, dass erheblich größere Zahlen verwendet werden müssen, weil die heute üblichen Zahlen (in der Größenordnung von ca. 200 Dezimalstellen) eben wegen der stets schneller werdenden Rechner keine ausreichende Sicherheit mehr liefern.

Ein anderes Protokoll, welches zur Vereinbarung eines geheimen Schlüssels verwendet werden kann, ist das Diffie-Hellman-Protokoll [9]. Das Protokoll ermöglicht die Vereinbarung eines geheimen Schlüssels zwischen zwei Teilnehmern, obwohl die gesamte Kommunikation zwischen den Teilnehmern abgehört wird. Im Gegensatz zu RSA benötigen die Teilnehmer bei Diffie-Hellman keine geheimen Schlüssel. Das Verfahren funktioniert wie folgt. Zunächst vereinbaren beide Teilnehmer A und B eine Primzahl p und eine weitere Zahl g. Beide Zahlen dürfen veröffentlicht werden. Nun wählen A und B je eine geheime Zahl S_A, bzw. S_B und berechnen daraus eine Zahl $T_A = g^{SA} \mod p$ bzw. $T_B = g^{SB} \mod p$. Diese Werte werden zwischen den beiden Teilnehmern über den öffentlichen Kanal ausgetauscht. Teilnehmer A berechnet nun $T_{AB} = T_B^{SA} \mod p$ und B berechnet $T_{AB} = T_A^{SB} \mod p$. Beide haben nun einen gemeinsamen Schlüssel $T_{AB} = g^{SA \cdot SB} \mod p$. Dieser gemeinsame Schlüssel kann nach heutigem Kenntnisstand nicht effizient aus den öffentlich übertragenen Werten T_A und T_B und den bekannten Zahlen p und g berechnet werden. Mit dem auf diese Weise vereinbarten Schlüssel kann ein effizientes symmetrisches Verschlüsselungsverfahren eingesetzt werden.

Neben der Vertraulichkeit der Inhaltsdaten gibt es noch weitere wichtige Schutzziele, von denen hier einige wesentliche besprochen werden sollen. Hierzu gehört die Vertraulichkeit der Verbindungsdaten, also die Anonymität, aber auch deren Gegenteil, die Authentifizierung.

Anonymität ist für die Freiheit des einzelnen von großer Bedeutung. In vielen Bereichen ist es Personen unangenehm, wenn ihre Identität öffentlich bekannt wird. Oft besteht einfach kein Grund dafür, dass der Kommunikationspartner die wahre Identität erfährt, z. B. bei der Abfrage einer Bahnverbindung. In anderen Fällen ist es für die Betroffenen von immenser Wichtigkeit, dass ihre Identität geschützt ist, z. B. bei der Meldung einer Straftat. Beratungsstellen für Drogenkranke funktionieren nur, wenn sich die Anrufer sicher sind, dass ihre Identität nicht bekannt wird und sie so ihre Krankheit vor anderen Menschen verbergen können.

Man muss bei dieser Betrachtung verschiedene Angreifer und den Grad der Anonymität [10], der erreicht werden soll, unterscheiden. So reicht es für die Drogenberatung in der Regel aus, dass die Verbindungsdaten nicht auf der Telefonrechnung angegeben werden. Für die Meldung einer Straftat kann es jedoch je nach Einfluss des Straftäters notwendig sein, sehr starke Anonymität zu garantieren. Wenn man als Extrembeispiel die Regierung als Straftäter annimmt, muss man bereits erheblichen Aufwand treiben, um die Anonymität sicherzustellen. An dieser Stelle sollen die damit zusammenhängenden Probleme nicht im Detail erläutert werden. Die meistens angenommene Lösung zur Erreichung von anonymer Kommunikation basiert auf speziellen Anonymisierungsstationen (Abb. 7), die die Herkunft einer Nachricht für den Empfänger, aber auch für Beobachter unkenntlich machen [11, 12]. Damit solche Anonymisierungsstationen funktionieren, müssen sie jedoch viele Nachrichten unterschiedlicher Quellen erhalten und weiterleiten, da sonst die sogenannte Anonymitätsmenge zu klein ist und der wahre Absender mit hoher Wahrscheinlichkeit ausfindig gemacht werden kann. Gegen starke Angreifer reicht eine Anonymisierungsstation nicht, da der Angreifer nur diese eine Station korrumpieren muss, um alle Verbindungsdaten lesen zu können. Um das Vertrauen in die Anonymisierung zu verstärken, muss man daher mehrere in einer Kette angeordnete Anonymisierungsstationen verwenden, was zu deutlich höheren Kosten führt.

Für die Abrechnung und auch zum Schutz davor, dass ein Teilnehmer Gespräche anstelle eines anderen Teilnehmers annimmt, muss sich der Teilnehmer beim Mobilfunknetz authentifizieren. Dieser Schritt entfällt in Festnetzen, da dort eine physikalische Kabelverbindung besteht und somit der Missbrauch deutlich aufwendiger ist. Die Authentifizierung erfolgt im aktuellen GSM-Standard nur in einer Richtung, d. h. nur das Mobilfunkgerät authentifiziert sich beim Mobilfunknetz. Dabei sendet das Netz ein Rätsel an die Mobilfunkstation, welche mit Hilfe eines bei ihr gespeicherten Geheimnisses (einem Schlüssel) das Rätsel löst und die Antwort zurück an das Netz sendet. Da hierbei ein geheimer Schlüssel zum Einsatz kommt, ist es nicht möglich, eine falsche Identität anzunehmen. Problematisch ist dabei jedoch, dass ein Angreifer zwischen Netz und Mobilfunkstation aktiv werden kann.

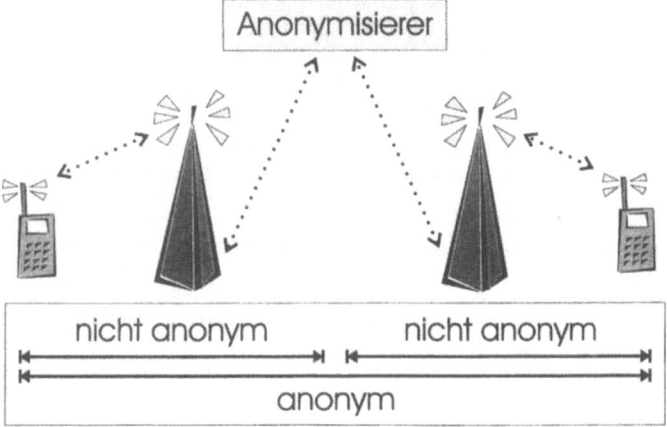

Abb. 7: Einfache Anonymisierung

Hierzu spielt er dem Netz vor, er sei die Mobilfunkstation und gegenüber der Mobilfunkstation tritt er als Netz auf. Somit kann er alle Nachrichten, die übertragen werden, mitlesen.

Um sich vor einer solchen „Man in the Middle"-Attacke zu schützen, muss die Authentifizierung mit der Vereinbarung des Schlüssels für die Verschlüsselung verbunden werden. Um dies zu realisieren, bieten sich wieder asymmetrische Verschlüsselungsverfahren wie RSA an. Die Authentifizierung wird dann durch digitale Unterschriften erreicht.

4. Schutz des Bewegungsprofils

Speziell im Kontext der zellulären Mobilfunknetze entsteht durch die ständige Protokollierung der aktuellen Location Area im Mobilfunknetz das Problem, dass der Netzbetreiber ein Bewegungsprofil erstellen kann. Aus der Sicht des Netzbetreibers ist ein solches Bewegungsprofil wünschenswert, da er damit Vorhersagen über die Bewegungen eines Teilnehmers machen und damit sein Netz effizienter betreiben kann. So können entsprechende Kapazitäten kurzfristig besser geplant werden, wenn bekannt ist, welche Wege ein Teilnehmer regelmäßig nutzt. Wenn beispielsweise bekannt ist, dass ein Teilnehmer regelmäßig auf der Fahrt zum Arbeitsplatz telefoniert, kann der Netzbetreiber schon bei Aufnahme der Verbindung genau die Kapazitäten in den einzelnen Funkzellen planen.

Da heutige Mobilfunkgeräte mit einer Akkuladung mehrere Tage am Stück empfangsbereit bleiben, ist es üblich, das Gerät überhaupt nicht mehr auszuschalten. Wenn man nicht gestört werden möchte, kann man bei modernen Geräten einstellen, dass keine oder nur Anrufe von bestimmten Anrufern entgegen genommen werden. Insofern übermittelt das Mobilfunkgerät permanent den Aufenthaltsort des Teilnehmers an das Netzwerk. Ein Beobachter der Datenbank des Netzwerkbetreibers kann daher jederzeit exakt und passiv feststellen, wo sich der Teilnehmer gerade befindet. Um eine vergleichbare Information im Festnetz zu erhalten, müsste der Beobachter aktiv anrufen, um festzustellen, ob der Teilnehmer gerade in der Nähe seines Anschlusses ist.

Der Wert dieser Information hängt von den Zielen des Angreifers ab. Für einen Terroristen ist es eventuell hilfreich, wenn er die Fahrtrouten seines Opfers kennt. Anhand des Bewegungsprofils kann er diese Information durch einige Datenbankabfragen gewinnen. Ein anderes Beispiel ist die Bewegung von Spitzenmanagern eines Unternehmens. Während der Fusionsverhandlungen zwischen Rolls Royce und den Konzernen VW und BMW wäre es anhand der Bewegungsprofile der Spitzenmanager möglich gewesen, die Entwicklung der Gespräche zu verfolgen (siehe Abb. 8). Eine solche Information kann unter Umständen sehr wertvoll sein.

Um die Erstellung von Bewegungsprofilen zu verhindern, gibt es verschiedene Ansätze. Zunächst kann man die Verwaltung von Aufenthaltsinformationen komplett dadurch verhindern, dass eingehende Anrufe im gesamten Netz per Broadcast angekündigt werden. Aufgrund des ständigen Wachstums der Mobilfunknetze und der in Kürze allgemein verwirklichten weltweiten Erreichbarkeit ist dieser Ansatz nicht realisierbar.

Abb. 8: Problem des Bewegungsprofils

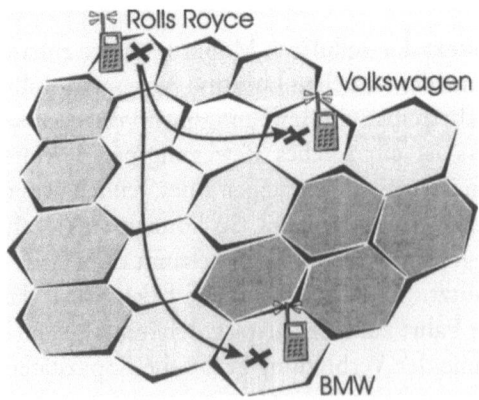

Eine totale Anonymisierung der Signalisierungsinformationen und der Aufenthaltsinformationen wäre denkbar, jedoch ist auch hierfür ein zu hoher Aufwand notwendig.

Die am Lehrstuhl für Informatik IV entwickelte Lösung für dieses Problem ist die sogenannte Methode der Temporären Pseudonyme [13, 14, 15]. Bei diesem Ansatz wird darauf verzichtet, den Teilnehmer komplett zu anonymisieren. Statt dessen wird die Lokalisierung eines Teilnehmers auf die reinen Kommunikationszeiten reduziert. Hierzu wird der Teilnehmer im Netz nicht mehr über seinen Namen, sondern über ein zeitlich variables Pseudonym identifiziert. Der Netzbetreiber ist dabei nicht in der Lage, eine Verbindung zwischen dem Pseudonym und dem realen Namen des Teilnehmers herzustellen. Wenn nun ein Anruf eingeht und das Netz zu dessen Annahme den Teilnehmer identifizieren muss, führt das Netz eine Anfrage an ein sogenanntes Home Trusted Device (HTD) durch. Dieses HTD wird vom Teilnehmer selbst betrieben und über das Festnetz mit der Datenbank des Mobilfunknetzes verbunden (siehe Abb. 9). Das HTD kennt jederzeit das Pseudonym, unter dem sich der Teilnehmer momentan im Netz versteckt. Das Netz erfährt nun also das Pseudonym und kann dann unmittelbar den Teilnehmer mit herkömmlichen Mitteln lokalisieren und den Anruf durchstellen. Da die Teilnehmer unter

Abb. 9: Methode der Temporären Pseudonyme

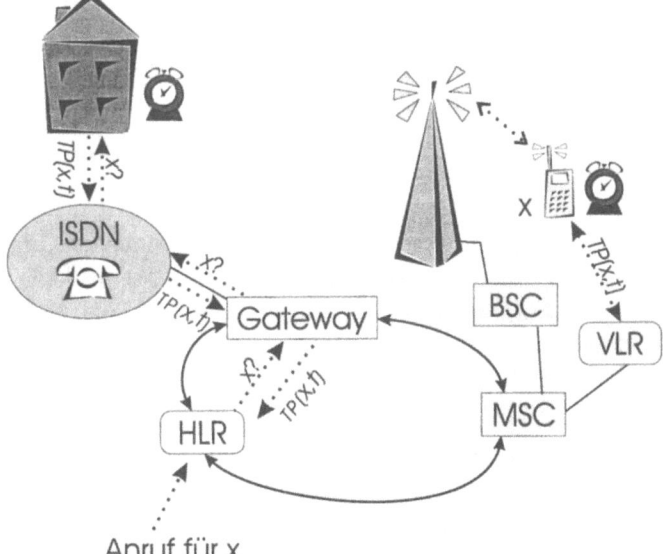

Pseudonymen auftreten, können sie ihre Position gefahrlos permanent an den Netzbetreiber und dessen Datenbanken übergeben.

Damit das HTD und die Mobilstation jederzeit den gleichen Stand haben, also das gleiche Pseudonym verwenden, müssen sie miteinander synchronisiert werden. Hierzu ist ein relativ genauer Zeittakt im gesamten Mobilfunknetz notwendig. Eine mögliche Quelle wäre das weltweit von GPS-Satelliten ausgestrahlte, sehr exakte Zeitsignal. Das HTD und die Mobilstation generieren zeitgleich neue Pseudonyme und die Gültigkeitsdauer dieses Pseudonyms. So wird verhindert, dass HTD und Mobilstation Daten austauschen müssen, was Kosten erzeugt, aber auch die Identität des Teilnehmers aufdecken würde. Um die Pseudonyme zu erzeugen, verwenden beide Geräte Pseudozufallszahlengeneratoren mit identischen Parametern. Für die Berechnung der Gültigkeit wird eine Exponentialverteilung verwendet, um einen gedächtnislosen Prozess zu erhalten. Dadurch ist es dem Netzbetreiber unmöglich, aufgrund der bereits vergangenen Zeit seit dem letzten Pseudonymwechsel auf den Zeitpunkt des nächsten Pseudonymwechsels zu schließen. Anderenfalls wäre es möglich, durch diesen Wechsel eine Verkettung der zuletzt verwendeten Pseudonyme durchzuführen und so die Identität des Teilnehmers zu verfolgen.

Die gleiche Möglichkeit hätte der Netzbetreiber, wenn ein Teilnehmer bei seinem Pseudonymwechsel das alte Pseudonym als ungültig markieren würde. In diesem Fall wäre es leicht, die Kette der Pseudonyme zu verfolgen. Es muss also statt dessen möglich sein, dass ein Teilnehmer gleichzeitig unter mehreren Pseudonymen beim Netzbetreiber angemeldet ist. Damit die Datenbanken beim Netzbetreiber nicht allzu sehr wachsen, erhält jedes Pseudonym eine maximale Gültigkeit, nach der es der Netzbetreiber aus seiner Datenbank entfernt. Alte Pseudonyme vergrößern nur die Datenbank des Netzbetreibers, verursachen aber sonst keine Kosten. Abgefragt werden solche Pseudonyme nicht, da das HTD keine veralteten Pseudonyme ausgibt.

Die Rate, mit der Pseudonyme gewechselt werden, ist abhängig von der durchschnittlichen Bewegungsgeschwindigkeit der Teilnehmer. Ein Pseudonymwechsel sollte so häufig vorgenommen werden, dass in jeder Location Area einmal das Pseudonym gewechselt wird. Dann ist es nicht möglich, den Weg eines Teilnehmers über mehrere Location Areas zu verfolgen. Nach einem Anruf ist ein Teilnehmer so lange deanonymisiert, bis er das Pseudonym wechselt. Insofern ist es sinnvoll, die Pseudonymwechselrate so schnell einzustellen, dass man nur für eine kurze Zeit nach dem Anruf deanonymisiert ist. Eine zu hohe Wechselrate führt aber dazu, dass die Luftschnittstelle und die Datenbank sehr stark belastet werden, da ständig neue Pseudonyme eingefügt werden müssen.

Der Netzanbieter kann einen aktiven Angriff verwenden, um trotz der Pseudonyme die Aufenthaltsinformation zu erhalten. Hierzu muss er nur Anfragen an das HTD stellen und damit ermitteln, welches Pseudonym gerade verwendet wird. Solche aktiven Angriffe können im HTD erkannt und protokolliert werden, so dass der Netzanbieter im Nachhinein zur Verantwortung gezogen werden kann. Verhindern lassen sich solche Angriffe, indem in das HTD ein Erreichbarkeitsmanager integriert wird. Dieser entscheidet aufgrund vorgegebener Regeln, ob ein Anruf überhaupt an den Teilnehmer durchgestellt wird. Entsprechende Regeln könnten die Rufnummer des Anrufers, die Uhrzeit oder sogar den vermeintlichen Inhalt des Gesprächs beachten [16].

Ein Problem der vorgeschlagenen Methode besteht darin, dass die Kosten für die Anschaffung und den Anschluss des HTD eventuell hoch sind und die Erreichbarkeit des Teilnehmers von der Funktionsfähigkeit des HTD abhängt. Von Kommunikationsnetzen erwartet man eine sehr hohe Zuverlässigkeit, so dass die Abhängigkeit von einem HTD problematisch ist. Ein möglicher Ausweg besteht darin, das HTD aus dem unmittelbaren Einflussbereich des Teilnehmers zu entfernen und an einer zentralen Stelle ein großes Third Party Trusted Device (TPTD) für alle Teilnehmer zu realisieren. Das Ergebnis ist nun jedoch, dass die Sicherheit des gesamten Verfahrens an einem einzigen TPTD liegt, welches nicht vom Mobilfunkteilnehmer überwacht werden kann.

Wenn man die individuellen HTDs nicht zu einem TPTD zusammenfasst, sondern statt dessen mehrere TPTDs verwendet, die nur *zusammen* die Pseu-

Abb. 10: Methode der Verteilten Temporären Pseudonyme

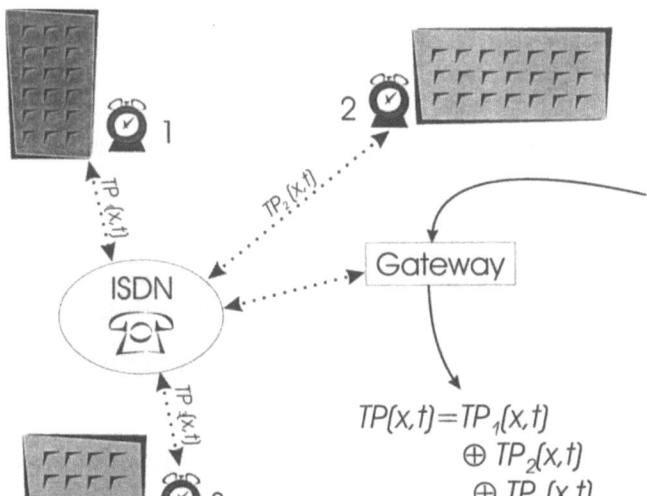

donyme bestimmen können, verlagert sich das nötige Vertrauen auf mehrere Parteien. Realisiert werden kann dies, indem die Ergebnisse der einzelnen TPTDs durch „Exklusiv-oder"-Operationen miteinander verknüpft werden (siehe Abb. 10). In der Mobilstation steigt der Aufwand mit der Anzahl der TPTDs linear an, denn es müssen alle Teilergebnisse berechnet und anschließend durch die gleiche „Exklusiv-oder"-Operation zu einem Pseudonym verknüpft werden. Der Gesamtaufwand ist jedoch recht gering.

Es muss verhindert werden, dass der Netzbetreiber und ein „böses" TPTD zusammenarbeiten, um über die zeitliche Verkettung von Pseudonymwechseln die Identität eines Teilnehmers aufzudecken. Hierzu können mehrere TPTDs mit identischen Parametern arbeiten, so dass sich ihre Teilergebnisse durch die „Exklusiv-oder"-Operation auslöschen. Somit kann ein TPTD nicht vorhersehen, ob seine Ergebnisse in die Berechnung des Temporären Pseudonyms einfließen. Eine Aufdeckung der Identität eines Teilnehmers ist dann nur durch Zusammenarbeit mehrerer TPTDs möglich. Aufgrund der Verlagerung des Vertrauens auf mehrere Parteien wird dieser Ansatz als Methode der Verteilten Temporären Pseudonyme bezeichnet.

Die Methode der Temporären Pseudonyme ist dazu geeignet, die Aufenthaltsinformation mobiler Teilnehmer in den Zeiten, in denen diese nicht telefonieren, komplett zu verbergen. Insofern ist es auch nicht möglich, ein Bewegungsprofil zu erzeugen. Beim Entwurf der Methode wurde darauf Wert gelegt, die bestehende Infrastruktur von GSM-Netzen zu erhalten und nur geringe Modifikationen an den zugrundeliegenden Protokollen vorzunehmen. Dadurch ist die Methode vergleichsweise einfach zu installieren. Dennoch treten einige zusätzliche Kosten auf, die der Netzbetreiber tragen muss. Dieser wird die Kosten auf die Kunden abwälzen, so dass diese für die erhöhte Sicherheit bezahlen müssen.

Die Kosten treten speziell durch die Verwaltung der Pseudonyme und durch die Abfrage des gerade aktuellen Pseudonyms im HTD auf. Für die Abfrage des HTD ist entweder eine neue Infrastruktur notwendig, oder es müssen bestehende Leitungen des Festnetzes verwendet werden. Deren Verwendung ist selbstverständlich nicht kostenlos realisierbar. Bei der Realisierung der Verteilten Temporären Pseudonyme vereinfacht sich der Abfrageprozess deutlich, es sind nur wenige zusätzliche Leitungen zu den TPTDs notwendig. Andererseits stellen die Betreiber der TPTDs eine Dienstleistung zur Verfügung, für deren vertrauensvolle Erbringung sie entlohnt werden müssen.

Im Netz des GSM-Anbieters entstehen Kosten dadurch, dass die Datenbanken im Home Location Register und im Visitor Location Register deutlich umfangreicher werden. Anstelle einer eindeutigen Identifikation pro Teilnehmer werden bei der vorgeschlagenen Methode mehrere gleichzeitig gespeicherte Temporäre Pseudonyme pro Teilnehmer verwendet. Mehrere Pseudonyme gleichzeitig sind notwendig, da die alten Pseudonyme erst nach einer vorgegebenen Zeit gelöscht werden, unabhängig davon, ob mittlerweile ein neues Pseudonym angelegt wurde. Weitere Kosten werden durch die Verwaltung der Verfallsdaten und die automatische Freigabe von verfallenen Pseudonymen verursacht. Es ist daher notwendig, die Datenbanksysteme großzügiger auszulegen. Insgesamt erhöht sich so die Komplexität, was sich wiederum nachteilig auf die Störanfälligkeit auswirkt.

Trotz dieser Nachteile bleibt die Methode der Temporären Pseudonyme vergleichsweise kostengünstig. Im Vergleich mit anderen Sicherheitsarchitekturen sind die vorgeschlagenen Änderungen klein, und auch im Vergleich mit geplanten Erweiterungen für die Zukunft sind die notwendigen Erweiterungen eher als gering einzustufen. Aus technischer Sicht ist die Methode daher praktikabel. Ungeklärt ist allerdings, ob die Anwender ein entsprechendes Sicherheitsbedürfnis entwickeln und auch bereit sind, die Kosten für die erhöhte Sicherheit zu tragen.

5. Zusammenfassung

In den vorigen Abschnitten wurden die Grundlagen heutiger Mobilfunknetze und der verfügbaren Sicherheitsmechanismen erläutert. Dabei wurden allgemein akzeptierte Standardverfahren besprochen, deren Implementierung in heutigen Netzen keine technischen Schwierigkeiten machen sollte. Dennoch fließen die besprochenen Mechanismen nur langsam in die Spezifikationen von Mobilfunkstandards ein. Als Gründe hierfür lassen sich drei Kernpunkte festmachen:

1. Das Sicherheitsbedürfnis bei den Teilnehmern ist gering ausgeprägt. Dies liegt vor allem auch darin begründet, dass die Teilnehmer schlecht darüber informiert werden, welche potentiellen Angriffsmöglichkeiten bestehen. Dieses Sicherheitsgefühl wird noch dadurch verstärkt, dass in den Medien falsch berichtet wird. So wurde die Forderung der deutschen Sicherheitsbehörden nach einer Schnittstelle zum Abhören von Gesprächen im GSM-Netz von vielen Medien damit begründet, dass abhören im GSM-Netz sonst technisch nicht möglich sei. Diese Darstellung ist jedoch falsch. In der Praxis ist das Abhören vergleichsweise einfach, da es durch die fehlende Authentifikation des Netzes und durch die unverschlüsselte Übertragung der Gesprächsdaten über das Netz des Mobilfunkbetreibers möglich ist, an die Klartextdaten zu gelangen, ohne die Verschlüsselung brechen zu müssen.

2. Die Kunden sind kaum bereit, Mehrkosten für eine erhöhte Sicherheit zu bezahlen. Da ein entsprechendes Bewusstsein kaum vorhanden ist, sind die Anwender nicht bereit, die Kosten für entsprechende technische Modifikationen zu tragen.

3. Sicherheitsbehörden haben kein Interesse daran, dass die Bürger einen guten Schutz ihrer Privatsphäre haben. Obwohl es in den meisten Ländern keine gesetzlichen Verbote von starker Kryptographie oder anderen Sicherheitsmechanismen gibt, verbreiten die Sicherheitsbehörden zunehmend die Meinung, dass solche Verbote bald ausgesprochen werden. Dadurch greifen sie dem Gesetzgeber vor, erreichen aber das gewünschte Ziel, nämlich dass bei der Entwicklung von internationalen Standards und der notwendigen technischen Geräte auf solche Sicherheitsmerkmale verzichtet wird. Die Betreiber von Kommunikationsnetzen haben kein Interesse daran, zu einem späteren Zeitpunkt aufwendige und teure Änderungen an ihren Netzen durchzuführen, um so spätere gesetzliche Regelungen erfüllen zu können. Gerade die jüngste Vergangenheit hat hier für die deutschen Netzbetreiber kostspielige Nachbesserungen erfordert, weil die Sicherheitsbehören einen leichteren Zugriff auf Kundendaten gefordert haben.

Aus technischer Sicht haben die heutigen Mobilfunknetze Sicherheitsmängel. Für die meisten Probleme gibt es aber ausgereifte und in kleineren Systemen lange getestete Lösungen. Diese wurden aufgrund der vorgenannten wirtschaftlichen und politischen Gründe bislang nicht realisiert und finden nur sehr langsam ihren Weg in die Telekommunikationsstandards. Durch die ständig zunehmende Bedeutung von Sicherheit im Internet und der damit verbundenen öffentlichen Diskussion findet aber auch eine zusätzliche Sensibilisierung der Kunden statt, so dass es in Zukunft vermutlich Fortschritte in diesem Bereich geben wird.

Für die Forschung bleiben noch einige offene Fragen. So ist zum Beispiel noch kein Verfahren bekannt, mit dessen Hilfe auch während einer bestehenden Verbindung, also während eines Telefonats, die Aufenthaltsinformation verborgen bleibt. Ein solcher Mechanismus ist deshalb wichtig, weil viele Anwender, die besonders durch das Ausspähen ihrer Aufenthaltsinformation gefährdet sind, also z. B. Spitzenmanager oder -politiker, überdurchschnittlich viel Kommunikationsbedarf haben, also oft ein Gespräch führen.

Literatur

[1] Michel Mouly, Marie-Bernadette Pautet: *The GSM System for Mobile Communications*, Selbstverlag, rue Elisée Reclus, F-91120 Palaiseau, Frankreich,1992.
[2] DECT Forum: *DECT – The standard explained*, http://www.dect.ch, 1997.
[3] ETSI: *European digital cellular telecommunications system (Phase 2); Security related network functions (GSM 03.20)*, European Telecommunication Standard, ETSI, Sophia Antipolis, Frankreich, 1994.
[4] William Stallings: *Cryptography and Network Security*, Prentice Hall, New Jersey, 1999.
[5] NIST: *FIPS PUB 46, Data Encryption Standard*, National Institute of Standards and Technology (früher National Bureau of Standards), 1977.
[6] EFF: *RSA Code-Breaking Contest Again Won by Distributed.Net and Electronic Frontier Foundation (EFF) – DES Challenge III Broken in Record 22 Hours*, Pressemitteilung der Electronic Frontier Foundation vom 19. Januar 1999, http://www.eff.org/descracker.html.
[7] Ross Anderson, Fabien Petitcolas: *On the limits of steganography*, IEEE Journal on Selected Areas in Communications (J-SAC), Special Issue on Copyright & Privacy Protection, Vol. 16 No. 4, Mai 1998, 474–481.
[8] Ron Rivest, Adi Shamir, Len Adleman: *A Method for Obtaining Digital Signatures and Public Key Cryptosystems*, Communications of the ACM, Februar 1978.
[9] Whitfield Diffie, Martin Hellman: *New Directions in Cryptography*, IEEE Transactions in Information Theory, Volume IT-22, November 1976, 644–654.
[10] Dogan Kesdogan: *Vertrauenswürdige Kommunikation in offenen Umgebungen*, Dissertation am Lehrstuhl für Informatik IV, RWTH Aachen, 1999.
[11] David Chaum: *Untraceable Electronic Mail, Return Adresses, and Digital Pseudonyms*, Communications of the ACM, Vol. 24 No. 2, Februar 1981, 84–88.
[12] Andreas Pfitzmann, Birgit Pfitzmann, Michael Waidner: *ISDN-MIXes – Untraceable Communication with very small Bandwith Overhead*, Proceedings „Kommunikation in verteilten Systemen", Informatik-Fachberichte 267, Springer Verlag Heidelberg, Februar 1991, 451–463.
[13] Dogan Kesdogan, Xavier Fouletier: *Secure Location Information Management in Cellular Radio Systems*, IEEE Wireless Communication Systems Symposium WCSS '95 „Wireless Trends in 21st Century", November 1995.
[14] Hannes Federrath, Anja Jerichow, Dogan Kesdogan, Andreas Pfitzmann, Dirk Trossen: *Minimizing the Average Cost of Paging on the Air Intercace – An Approach Considering Privacy*, IEEE 47th Annual International Vehicular Technology Conference (VTC97), Mai 1997.
[15] Peter Reichl, Dogan Kesdogan, Klaus Jungkärtchen, Marko Schuba: *Simulative Performance Evaluation of the Temporary Pseudonym Method for Protecting Location Information in GSM Networks*, „Computer Performance Evaluation – Modeling Techniques and Tools", LNCS 1469, September 1998.
[16] Andreas Bertsch, Herbert Damker, Hannes Federrath, Dogan Kesdogan, Michael Schneider: *Erreichbarkeitsmanagement*, PIK, Praxis in der Informationsverarbeitung und Kommunikation 18/4 (1995) 231–234.

Veröffentlichungen
der Nordrhein-Westfälischen Akademie der Wissenschaften

Neuerscheinungen 1993 bis 2000

Vorträge N Heft Nr.		NATUR-, INGENIEUR- UND WIRTSCHAFTSWISSENSCHAFTEN
401	Gerhard Heimann, Aachen	Medikamentöse Therapie im Kindesalter
	Egon Macher, Münster/Westf.	Die Haut als immunologisch aktives Organ
402	Konstantin-Alexander Hossmann, Köln	Mechanismen der ischämischen Hirnschädigung
	Herrmann M. Bolt, Dortmund	Zur Voraussagbarkeit toxikologischer Wirkungen: Kanzerogenität von Alkenen
403	Volker Weidemann, Kiel	Endstadien der Sternentwicklung
	Alfred Müller, Erlangen	Quantenmechanische Rotationsanregungen in Kristallen
404	Matthias Kreck, Mainz	Positive Krümmung und Topologie
405	Benno Parthier, Halle	Problemfelder der zusammengefügten deutschen Wissenschaftslandschaft
	Erhard Hornbogen, Bochum	Kreislauf der Werkstoffe
406	Hubert Markl, Konstanz, Berlin	Wissenschaftliche Eliten und wissenschaftliche Verantwortung in der industriellen Massengesellschaft
407	Joachim Trümper, Garching	Was der Röntgensatellit ROSAT entdeckte
	Dietrich Neumann, Köln	Ökologische Probleme im Rheinstrom
408	Wilfried Werner, Bonn	Recycling biogener Siedlungsabfälle in der Landwirtschaft
409	Holger W. Jannasch, Woods Hole MA	Neuartige Lebensformen an den Thermalquellen der Tiefsee
410	Hartmut Zabel, Bochum	Epitaxielle Schichten: Neue Strukturen und Phasenübergänge
	Eckart Kneller, Bochum	Der Austauschfeder-Magnet: Ein neues Materialprinzip für Permanentmagnete
411	Brigitte M. Jockusch, Braunschweig	Architekturelemente tierischer Zellen
412	Alfred Fettweis, Bochum	Numerische Integration partieller Differentialgleichungen mit Hilfe diskreter passiver dynamischer Systeme
413	Ernst Bayer, Tübingen	Theorie und Praxis der Niedertemperaturkonvertierung zur Rezyklisierung von Abfällen
	Hansjörg Sinn, Hamburg	Wertstoff- und Energie-Rückgewinnung aus hochkalorigen Abfallstoffen wie Altreifen und Kunststoff-Schrott
414	Wolfgang Priester, Bonn	Über den Ursprung des Universums: Das Problem der Singularität
415	Wilhelm Stoffel, Köln	Serendipity: Eine neue Glutamat-Neurotransmitter-Transporter-Familie und ihre pathogenetische Bedeutung
416	Dieter Richter, Jülich	Viskoelastizität und mikroskopische Bewegung in dichten Polymersystemen
417	Hans Mohr, Freiburg	Waldschäden in Mitteleuropa – was steckt dahinter?
418	Matthias Mertmann, Bochum	Greifmechanismus aus neuen Verbundwerkstoffen mit Zweiweg-Formgedächtnis
	Wolfgang Gärtner, Mülheim a. d. Ruhr	Die Funktion biologischer photosensorischer Pigmente
419	Fritz Vögtle, Bonn	Neue Catenane und Rotaxane in der Supramolekularen Chemie
	Andreas Stork, Jülich	Windkanalanlage zur Bestimmung der gasförmigen Verluste von Umweltchemikalien aus dem System Boden/Pflanze unter feldnahen Bedingungen
	Heinrich Ostendarp, Aachen	Entwicklung neuer Bildaufzeichnungs- und Auswertungstechniken für die holografische Interferometrie
420	Martin Jansen, Bonn	Wege zu Festkörpern jenseits der thermodynamischen Stabilität
421	Hans-Werner Sinn, München	Volkswirtschaftliche Probleme der Deutschen Vereinigung
422	Konrad Sandhoff, Bonn	Glykolipide der Zelloberfläche und die Pathobiochemie der Zelle
423	Hanns Weiss, Düsseldorf	Die mitochondrialen Atmungsketten-Komplexe: Funktion und Fehlfunktion bei neurodegenerativen Erkrankungen
424	Klaus Hahlbrock, Köln	Krankheitsresistenz bei Pflanzen. Von der Grundlagenforschung zu modernen Züchtungsmethoden

425	Wolfgang Krätschmer, Heidelberg	Fullerene und Fullerite – neue Formen des Kohlenstoffs
	Manfred Thumm, Karlsruhe	Gyrotrons – Moderne Quellen für Millimeterwellen höchster Leistung
426	Hans Elsässer, Heidelberg	Neue Wege und Ziele astronomischer Forschung
427	Manfred T. Reetz, Mülheim an der Ruhr	Größenselektive Synthese von Nanostrukturierten Metall-Clustern
	Heinz Mehlhorn, Düsseldorf	Parasiten: Ihre Bedeutung heute
428	Günter Spur, Berlin	Innovation, Arbeit und Umwelt – Leitbilder künftiger industrieller Produktion
	Rainer Jaenicke, Regensburg	Strukturbildung und Stabilität von Eiweißmolekülen
429	Ulrich Dilthey, Aachen	Technischer Einsatz von Personal Computern (PC) am Beispiel der Schweißtechnik
	Helmuth Steinmetz, Düsseldorf	Zerebrale Links-Rechts-Asymmetrie: Struktur, Funktion, Entstehung
	Alois Fürstner, Mülheim an der Ruhr	Metallaktivierung am Beispiel Titan: Von den morphologischen Grundlagen zu Anwendungen in der Wirkstoffsynthese
430	Hartwig Hocker, Aachen	Implantatwerkstoffe – Versuche zur Erzielung von Biokompatibilität
	Rolf Chini, Bochum	Die Bildung von Planeten in zirkumstellaren Scheiben
431	Dietrich Uebing, Stuttgart	Sicherheitstechnik, Umweltschutz und Ressourcenschonung
	Wolfgang Mathis, Wuppertal	Die begrifflichen Grundlagen der Netzwerk- und Systemtheorie
432	Jörg Baetge, Munster	Empirische Methoden zur Früherkennung von Unternehmenskrisen
433	Klaus Knizia, Herdecke	Schöpferische Zerstörung = zerstörte Schöpfung? Die Industriegesellschaft und die Diskussion der Energiefrage
434	Ekkehard Schulz, Duisburg	Innovation bei der Stahltechnologie
	Peter Neumann, Düsseldorf	Das Entwicklungspotential von Stählen
435	Carl Christian von Weizsäcker, Köln	Wirtschaftliche Effizienz und gerechte Verteilung
	Hans-Jürgen Haubrich, Aachen	Aspekte zentraler und dezentraler Stromerzeugung im europäischen Verbundsystem
436	Hans Müller, Jena	Ein periodisches System für Metall-Cluster
437	Urs Schweizer, Bonn	Der dritte Hauptsatz der Wohlfahrtstheorie
	Helmut Lütkepohl, Bonn	Stabilität der Geldnachfrage in der Bundesrepublik Deutschland
438	Kurt Kugeler, Jülich	Die sicherheitstechnischen Prinzipien der Kerntechnik
	Harald Gunther, Siegen	Stand und Zukunft der magnetischen Kernresonanzmethoden
439	Hans Wolfgang Spiess, Mainz	Dynamische Phänomene in Festkörpern und Polymeren
	Walter Leitner, Mülheim/Ruhr	Chemische Synthese in überkritischem Kohlendioxid: Die „bessere Lösung"?
440	Ernst Th. Rietschel, Borstel	Bakterielle Endotoxine
	Franz Ulrich Hartl, Martinsried	Proteinfaltung in der Zelle
441	Herbert Palme, Köln	Meteorite und die Bildung der inneren Planeten des Sonnensystems
	Stefan H. Kaufmann, Berlin	Immunität und Infektion
442	Ernst Helmstädter, Münster	Gerechtigkeit und Fairneß in Wirtschaft und Gesellschaft
	Wolfram F. Richter, Dortmund	Entstaatlichungspotentiale im Hochschulbereich
443	Hartmut Löwen, Düsseldorf	Theorie der kolloidalen Systeme
	Wolfgang Marquardt, Aachen	Modellgestützte Entwicklung verfahrenstechnischer Prozesse
444	Hans Walter Staudte, Würselen	Computergestützte Operationsplanung und -technik in der Orthopädie mit CT-abgeleiteten individuellen Bearbeitungsschablonen
445	Wolfgang Lerche, Genf	Recent Developments in String Theory
446	Michael Teuber, Zürich	Gentechnik für Lebensmittel und Zusatzstoffe – Leben mit der Gentechnik
	Ludger Honnefelder, Bonn	Novel Food – Zu den ethischen Aspekten der gentechnischen Veränderung von Lebensmitteln
447	Walter Schaffner, Zürich	Wie werden unsere Gene ein- und ausgeschaltet?
	Otto Spaniol, Aachen	Mobilfunk und Sicherheit – (Wie) Paßt das zusammen?
448	Friedel H. W. Hoßfeld, Jülich	Komplexität und Berechenbarkeit: Über die Möglichkeiten und Grenzen des Computers
449	Thomas Ruzicka, Düsseldorf	Entzündungsreaktionen der Haut: Von der Pathophysiologie zu neuen Therapieansätzen

ABHANDLUNGEN

Band Nr.

72	(Sammelband)	Studien zur Ethnogenese
	Wilhelm E. Mühlmann	Ethnogonie und Ethnogenese
	Walther Heissig	Ethnische Gruppenbildung in Zentralasien im Licht mündlicher und schriftlicher Überlieferung
	Karl J. Narr	Kulturelle Vereinheitlichung und sprachliche Zersplitterung: Ein Beispiel aus dem Südwesten der Vereinigten Staaten
	Harald von Petrikovits	Fragen der Ethnogenese aus der Sicht der römischen Archäologie
	Jürgen Untermann	Ursprache und historische Realität. Der Beitrag der Indogermanistik zu Fragen der Ethnogenese
	Ernst Risch	Die Ausbildung des Griechischen im 2. Jahrtausend v. Chr.
	Werner Conze	Ethnogenese und Nationsbildung – Ostmitteleuropa als Beispiel
75	Herbert Lepper, Aachen	Die Einheit der Wissenschaften: Der gescheiterte Versuch der Gründung einer „Rheinisch-Westfälischen Akademie der Wissenschaften" in den Jahren 1907 bis 1910
77	Elmar Edel, Bonn	Die ägyptisch-hethitische Korrespondenz (2 Bände)
78	(Sammelband)	Studien zur Ethnogenese, Band 2
	Rüdiger Schott	Die Ethnogenese von Völkern in Afrika
	Siegfried Herrmann	Israels Frühgeschichte im Spannungsfeld neuer Hypothesen
	Jaroslav Šašel	Der Ostalpenbereich zwischen 550 und 650 n. Chr.
	András Róna-Tas	Ethnogenese und Staatsgründung. Die turkische Komponente bei der Ethnogenese des Ungartums
	Register zu den Bänden 1 (Abh 72) und 2 (Abh 78)	
80	Friedrich Scholz, Münster	Die Literaturen des Baltikums. Ihre Entstehung und Entwicklung
83	Karin Metzler, Frank Simon, Bochum	Ariana et Athanasiana. Studien zur Überlieferung und zu philologischen Problemen der Werke des Athanasius von Alexandrien
84	Siegfried Reiter/Rudolf Kassel, Köln	Friedrich August Wolf. Ein Leben in Briefen. Ergänzungsband, I: Die Texte; II: Die Erläuterungen
85	Walther Heissig, Bonn	Heldenmärchen versus Heldenepos? Strukturelle Fragen zur Entwicklung altaischer Heldenmärchen
86	Hans Rothe, Bonn	Die Schlucht. Ivan Gontscharov und der „Realismus" nach Turgenev und vor Dostojevski (1849–1869)
88	Peter Zieme, Berlin	Religion und Gesellschaft im Uigurischen Königreich von Qočo
89	Karl H. Menges, Wien	Drei Schamanengesänge der Ewenki-Tungusen Nord-Sibiriens
90	Christel Butterweck, Halle	Athanasius von Alexandrien: Bibliographie
91	T. Čertorickaja, Moskau	Vorläufiger Katalog Kirchenslavischer Homilien des beweglichen Jahreszyklus
92	Walter Mettmann, Münster (Hrsg.)	Alfonso de Valladolid, Mostrador de Justicia
93	Werner H. Hauss, Münster Robert W. Wissler, Chicago Hans-Joachim Bauch, Münster (Eds.)	Seventh Munster International Arteriosclerosis Symposium: New Pathogenic Aspects of Arteriosclerosis Emphasizing Transplantation Atheroarteritis
94	Helga Giersiepen, Bonn Raymund Kottje, Bonn (Hrsg.)	Inschriften bis 1300. Probleme und Aufgaben ihrer Erforschung
95	Walther Heissig, Bonn (Hrsg.)	Formen und Funktion mündlicher Tradition
97	Rudolf Schieffer, München (Hrsg.)	Schriftkultur und Reichsverwaltung unter den Karolingern
98/99/	Hans Rothe, Bonn	Gottesdienstmenäum für den Monat Dezember, Teil 1/Teil 2/Teil 3
105	E. M. Vereščagin, Moskau (Hrsg.)	
100	Oleg V. Tvorogov (Hrsg.)	Johannes Chrysostomos im altrussischen und südslavischen Schrifttum des 11.–16. Jahrhunderts
101	Walter Mettmann, Münster (Hrsg.)	Alfonso de Valladolid, Tešuvot la-Měharef
102	Walther Heissig/Rüdiger Schott (Hrsg.)	Die heutige Bedeutung oraler Traditionen
103	Geng Shimin, Hans-Joachim Klimkeit, Jens Peter Laut (Hrsg.)	Eine buddhistische Apokalypse: Die Höllenkapitel und die Schlußkapitel der Hami-Handschrift der alttürkischen Maitrisimit
104	Hans Rothe, Bonn (Hrsg.)	Das Dubrovskij-Menäum

Sonderreihe PAPYROLOGICA COLONIENSIA

Vol. VII	Kölner Papyri (P. Köln)
Bärbel Kramer und Robert Hübner (Bearb.), Köln	Band 1
Bärbel Kramer und Dieter Hagedorn (Bearb.), Köln	Band 2
Bärbel Kramer, Michael Erler, Dieter Hagedorn und Robert Hubner (Bearb.), Köln	Band 3
Bärbel Kramer, Cornelia Römer und Dieter Hagedorn (Bearb.), Köln	Band 4
Michael Gronewald, Bärbel Kramer, Klaus Maresch, Maryline Parca und Cornelia Römer (Bearb.)	Band 6
Michael Gronewald, Klaus Maresch (Bearb.), Köln	Band 7
Michael Gronewald, Klaus Maresch, Cornelia Römer (Bearb.), Köln	Band 8
Vol. XI	Katalog der Bithynischen Münzen der Sammlung des Instituts für Altertumskunde der Universität zu Köln
Wolfram Weiser, Koln	Band 1: Nikaia. Mit einer Untersuchung der Prägesysteme und Gegenstempel
Thomas Corsten, Koln	Band 2: Könige, Commune Bithyniae, Städte (außer Nikaia)
Vol. XIV: Ludwig Koenen, Ann Arbor Cornelia Römer (Bearb.), Köln	Der Kölner Mani-Kodex. Uber das Werden seines Leibes. Kritische Edition mit Übersetzung
Vol. XV: Jaakko Frösen, Helsinki/Athen Dieter Hagedorn, Heidelberg (Bearb.)	Die verkohlten Papyri aus Bubastos (P. Bub.) Band 1
Dieter Hagedorn, Heidelberg Klaus Maresch, Köln (Bearb.)	Band 2
Vol. XVI: Robert W. Daniel, Köln Franco Maltomini, Pisa (Bearb.)	Supplementum Magicum Band 1 und Band 2
Vol. XVII: Reinhold Merkelbach, Maria Totti (Bearb.), Köln	Abrasax. Ausgewählte Papyri religiösen und magischen Inhalts Band 1 und Band 2: Gebete Band 3: Zwei griechisch-ägyptische Weihezeremonien Band 4: Exorzismen und jüdisch/christlich beeinflußte Texte
Vol. XVIII: Klaus Maresch, Köln Zola M. Packmann, Pietermaritzburg, Natal (eds.)	Papyri from the Washington University Collection, St. Louis, Missouri
Vol. XIX: Robert W. Daniel, Köln (ed.)	Two Greek Papyri in the National Museum of Antiquities in Leiden
Vol. XX: Erika Zwierlein-Diehl, Bonn (Bearb.)	Magische Amulette und andere Gemmen des Instituts für Altertumskunde der Universität zu Köln
Vol. XXI: Klaus Maresch, Köln	Nomisma und Nomismatia. Beiträge zur Geldgeschichte Ägyptens im 6. Jahrhundert n. Chr.
Vol. XXII: Roy Kotansky, Santa Monica, Calif.	Greek Magical Amulets. The Inscribed Gold, Silver, Copper, and Bronze Lamellae. Part 1: Published Texts of Known Provenance
Vol. XXIII: Wolfram Weiser, Köln	Katalog ptolemäischer Bronzemünzen der Sammlung des Instituts für Altertumskunde der Universität zu Köln
Vol. XXIV: Cornelia Eva Römer, Köln	Manis frühe Missionsreisen nach der Kölner Manibiographie
Vol. XXV: Klaus Maresch, Köln	Bronze und Silber. Papyrologische Beiträge zur Geschichte der Währung im ptolemäischen und römischen Ägypten
Vol. XXVI: William H. Willis, Duke University, Klaus Maresch, Köln (Bearb.)	The archive of Ammon Scholasticus of Panopolis (P. Ammon) Vol. 1: The legacy of Harpocration
Vol. XXVII Markus Stein, Bonn (Bearb.)	Manichaica Latina Band 1: Epistula ad Menoch
Vol. XXVIII: Jürgen Hammerstaedt, Köln	Griechische Anaphorenfragmente aus Ägypten und Nubien

MIX
Papier aus verantwortungsvollen Quellen
Paper from responsible sources
FSC® C105338

If you have any concerns about our products,
you can contact us on
ProductSafety@springernature.com

In case Publisher is established outside the EU,
the EU authorized representative is:
**Springer Nature Customer Service Center GmbH
Europaplatz 3, 69115 Heidelberg, Germany**

Printed by Libri Plureos GmbH
in Hamburg, Germany